第四次浪潮

人工智能时代的国家、公司与个人

[日]大前研一 著 程亮 张群 译

浙江教育出版社·杭州

推荐序
PREFACE

时代浪潮下的变与不变

程亮教授和张群同学的最新译著——日本著名战略家、畅销书作家大前研一的新作《第四次浪潮》——即将出版,我很高兴能够成为这本译著最早的读者之一。

作为程亮的大学同窗,我深知他的为人,内敛而不事张扬,但蕴藏着别具一格的幽默感和坚韧不拔的精神。他对语言的追求始终如一,力求达到"信达雅"的境界,这使他的作品的语言风格既风趣又富有深意,读来令人回味无穷。今年五月,程亮兄通过微信与我联系,嘱托我为他们的最新译著《第四次浪潮》写篇书评,我欣然应允,因为能够比市场提前读到他的新作,而且能够更加系统地了解他现在对日本的观察视角和剖析深度,实乃一件快事。事实上,我是在工作的间隙以及旅行途中读完这本书的。由于我曾经在日本一桥大学学习和工作近八年时间，专业训练再加上阅读习惯，为了规避潜在的遣词造句生硬和逻辑表达模糊风险，我一般更愿意选择原版的日文书籍。但是，程亮兄的这本译著，语言流畅一如既往，使得我在阅读的过程中都感受不到这是一本翻译作品。读到精彩处，我也常有拍案叫绝的冲动，迫于高铁车厢是公共场所，只好悻悻作罢。借此撰写序言的笔触，我终得以畅所欲言，尽情抒发阅读感悟。

《第四次浪潮》是一本深刻分析当前经济形势并展望未来的作品。大前研一以其敏锐的洞察力，不仅直指当前日本经济的痛点，也对全球经济的发展趋势进行了深入剖析。作者的写作目的，更多的是呼吁日本要立即实施更加彻底的改革，以适应数字化、智能化转型，摆脱"低欲望社会"的困境。但读完之后，我觉得这本书也非常适合并值得中国读者阅读。一方面，作者描述了许多在日本经济衰退和转型困境下的典型案例，是了解过去一段时间日本经济、社会和政治生活的一个窗口。众所周知，日本在20世纪80年代就已经是一个高度发达的工业化国家。因此，你也许可以从中窥探到许多中国人正在经历或者即将经历的挑战。另一方面，这本书还旨在为读者提供一个理解经济新形态的视角，尤其是书中对于网络社会和数字化、智能化转型的见解，令人深思。大前研一认为，随着基于人工智能和网络社会的第四次浪潮的到来，全球经济发展、社会结构以及生活方式正在发生深刻的变化。现在日本IT企业的裁员潮，在独角兽企业、数字化转型以及教育科技等方面的落后都与此有关。因此，他对日本政府的经济政策进行了严厉批判。

当前，世界也处在转型与变革的风口。事实上，在2017年伊始我就提出了一个理论猜想："GTC"是影响当前经济和金融体系最重要的三股力量。其中，G是Globalization，指全球化的进展与退潮；T是Technology，指科技的力量；C是Climate或者Carbon，指气候变化下的绿色低碳发展。近年来，我所有的研究工作都是围绕"GTC"展开。而且，两年前在中国建设银行湖北省分行住房金融与个人信贷部副总经理岗位上的挂职实践，也更加坚定了我对"GTC"理论的信心。从服务全社会的银行视角，我得以对中国的经济现实进行近距离的观察和思考。

正如《第四次浪潮》所预见，人工智能引发的新一轮科技革命，标志着人类社会正从信息时代（第三次浪潮）迈向智能时代（第四次浪潮）。其实，中国的银行业在改革开放四十年里，也已经经历三轮科技浪潮，由电子化向网络化和数字化的方向发展：电子化是金融科技1.0，网络化是金融科技2.0，数字化是金融科技3.0。记得当程亮和我在1998年跨入大学校园的时候，有两个场所是当时人气最旺的，一个是电话亭，另一个是自动取款机。现在用到自动取款机的时候已经很少了，移动互联网加持下的手机银行方兴未艾，以区块链、大数据和人工智能等为代表的数字技术已经为全球和中国经济带来了深刻变革。作为服务实体经济的金融业代表，银行本质上没有变，核心业务仍然可以浓缩为两个词——信息和风险，但是和汽车行业一样，虽然仍聚焦衣食住行中的"行"

字，却已在进行轰轰烈烈的智能化转型。人们普遍都是规避风险的，谁都不喜欢变化，只中意生活中的"小确幸"。但是，"穷则变，变则通，通则久"，在不断变化的时代中，只有不断学习、适应和变革，才能生存和发展。

未来的中国经济何去何从？普通人如何在时代浪潮中掌握财富密码？只有站在风口，"猪"才能飞起来。对当前经济形势和未来发展趋势感兴趣的读者，我强烈推荐《第四次浪潮》。这本书不仅有助于理解当前全球经济的复杂性，也为企业管理者、政策制定者和每一位普通大众提供了应对未来变化的策略。作者的独到见解，译者的精准诠释，能够帮助读者在不断变化的经济环境中找到自己的定位。

陈思翀
2024年6月

陈思翀，中南财经政法大学金融学院教授，博士生导师，中南财经政法大学ESG研究所执行所长，日本一桥大学商学金融博士，曾任日本一桥大学商学院讲师、美国佛罗里达大学惠灵顿商学院访问教授，挂职中国建设银行湖北省分行住房金融与个人信贷部副总经理。主要研究领域为金融机构与市场、全球变局下的国家安全及气候等新兴风险管理；主持国家自然科学基金、国际合作科研基金、教育部留学回国基金等项目；主要成果发表于中英文权威期刊以及《财经》《经济日报》《证券日报》等大众传媒。

前言
INTRODUCTION

预测未来，成就希望

头部IT企业的"裁员潮"意味着什么？

2022年秋季以来，世界各地相继出现美国头部IT企业大规模裁员的报道。

推特公司在埃隆·马斯克（Elon Musk）任职CEO后，裁员7500人，约占员工总数的2/3。

元公司［Meta，脸书（Facebook）母公司］发布声明，预计裁员1.1万人，约占员工总数的13%。

亚马逊公司（Amazon）预计裁员超1.8万人，约占员工总数的1%。

微软公司（Microsoft）预计裁员1万人，约占员工总数的5%。

字母表公司［Alphabet，谷歌（Google）母公司］预计裁员1.2

万人，约占员工总数的6%。

企业裁员各有原因，其管理层会根据经营状况做出判断：裁什么人，以及什么时候裁。不过，上述事态的发展可以预测，我也在杂志的连载和演讲中提过。裁员潮的出现有其必然性，今后还会反复出现，不能只归咎于企业的业绩下滑和人员过剩。为何裁员会反复出现呢？我会在书里详细说明。总之，企业经营者无法在上一年预测到来年的公司裁员。与此同时，企业经营者确实又需要做出经营管理上的紧急判断。而且，市场要求企业经营者做出此类判断的速度正在不断加快。

为什么强调"实时"？

我运营着一个企业经营者的学习会，名为"向研会"。每月会在东京、名古屋、大阪、福冈等地巡回演讲，内容包括企业经营、经济动向，以及世界局势，有时会分享自己最新的研究成果。

此外，我还在商业突破大学（Business Breakthrough University，简称BBT大学）担任校长，开设面向本科及研究生的讲座课程。其中，有一门"实时在线案例"（Realtime Online Casestudy）的课程，研究企业、政府机关乃至国家的经营管理方法。在这门课上，我会让学生将自己当作某某公司的领导层，并根据企业现状"实时"模拟开展经营和管理。

很多大学开设的经营和管理课程都包括企业或组织机构的案例分析。不过，这些案例每年反复使用，已经过时了，如"日产汽车如何超越福特汽车""富士胶片与柯达的市场占比之争"等。

对于讲授上述案例的教授而言，虽然已是陈年案例，但其中体现出某种普遍规律，且每年又面对不同新生，因此使用同样的陈年案例倒也问题不大。不过，我坚持认为此类案例必须发生在当下，否则毫无意义。学生需要通过"实时"案例分析企业的经营现状，思考企业下一步的发展方向。头部IT企业的"裁员潮"可以说明一些问题，比如美国硅谷新兴产业的初创企业在半年内就会业务受阻或者业务转型，如果我们花时间制作此类企业的案例，在完成的瞬间就已经失去价值。

现在，我们可以通过网络和社交媒体短时间内获取大量信息。BBT大学的学生也是通过上述办法，解决一个又一个"实时在线案例"的问题。对于开展经济研究与经营分析的人而言，"实时"必不可少。

阿尔文·托夫勒的"慧眼"

对我而言，2022年以来最大的课题就是"21世纪的新经济学"。日本经济为何发展受阻？世界经济又将驶向何方？企业和企业家应该做好哪些准备，如何生存下去？

思考这些问题，关键在于"第四次浪潮"。

美国未来学家阿尔文·托夫勒是我的朋友，他于1980年创作了畅销书《第三次浪潮》（*The Third Wave*）。我的《第四次浪潮》在此基础上创作而成。

托夫勒1928年出生于美国纽约，1949年毕业于纽约大学，曾担任新闻记者、美国《财富》(Fortune)杂志编辑、美国电话电报公司（AT&T）经营顾问、康奈尔大学特聘教授，2016年在洛杉矶的家中去世。除《第三次浪潮》外，他还著有《未来的冲击》《适应变革的企业》《权力的转移》等。

工作原因，我常在国外演讲，和托夫勒经常碰面，关系也很亲近。每次去美国，我都会和他在洛杉矶比佛利山酒店边吃早餐边交流。虽然相差15岁，但他总说我俩"就像一个豆荚里的两颗豌豆（two peas in a pod）"，意思是虽然两人的父母不同，人种不同，成长环境也不同，但认知很相同。1998年，我成立日本远程教育——日本首家线上经营管理研修公司时，也邀请托夫勒加入了顾问团队。

托夫勒认为，人类社会经历第一次浪潮引发的农业革命后，进入农业社会；经历第二次浪潮引发的工业革命后，进入工业社会；经历第三次浪潮引发的信息革命后，迎来信息社会（图1）。他在网络尚未普及的20年前，就预见人类社会将进入信息社会。

托夫勒的敏锐判断令人敬畏。他出色地分析并预测了影响近现代文明的潮流和20世纪80年代后世界的变化形势。

《第三次浪潮》创作于计算机刚刚诞生、普及的时候。他在书中写道："5年前没有家庭和个人使用计算机，而今天却有30万台计算机在客厅、厨房和书房里工作。"

托夫勒预测计算机产业和电子产业会迅猛发展，能源危机愈演人类社会历经未来学家阿尔文·托夫勒定义的"三次浪潮",正在迎来"第四次浪潮"

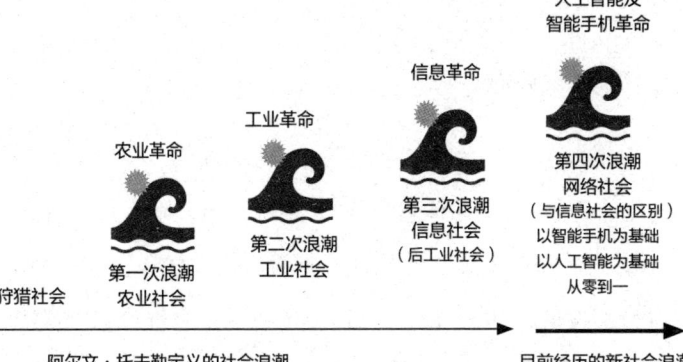

资料来源:阿尔文·托夫勒著《第三次浪潮》(日本放送出版协会)

图1 人类社会的发展阶段

愈烈,第三次浪潮来势汹汹,各种局势动荡起伏。

比如,核心家庭瓦解、全球性能源危机、迷信流行,以及有线电视、弹性工作时间和新福利制度的普及,从加拿大魁北克省到法国科西嘉岛的分裂主义等。这一切都可以视为独立事件,但也可以认为其相互关联。

实际上,这些孤立的事件与其他很多看似不相干的事件甚至潮流紧密相关,都是某个大现象中的小片段。这个大现象就是:工业主义灭亡,新文明崛起。

今天,人类社会迎来了"第四次浪潮"。这个全新的时代出现了很多托夫勒时代无法想象的技术和系统。

如果托夫勒在世，肯定会研究第四次浪潮，写下新的作品。这份事业，我想代故友继续。

不再依靠政府

未来，世界如何发展？社会与文明如何演变？本书将预测上述问题，如果赶上下一次浪潮，个人、企业、国家都会获得发展。

就日本现状来看，前景并不光明。我在拙著《经济参谋》（《経済参謀》，小学馆）中指出，全球的企业和个人正受数字化转型（DX）的影响，工作效率急剧提高。日本必须坚决实施紧急彻底的改革，才能不落后于时代潮流。当前的日本政府，即岸田文雄政府，其政策与我的提议相去甚远，没有建设性。

如果继续实施安倍经济学和超宽松货币政策，日本经济会持续下滑，人们都会变得贫困。安倍晋三再次执政以来，我不断批评建立在错误经济理论上的安倍经济学，并指出其实施年限过长。然而，安倍经济学面对这些批评不仅没有受到任何影响，反而要迎来第10个年头。

我们不能再依靠日本政府。作家城山三郎曾写下批判政府的名句——"我们不再依靠你"。这与"财界总理"石坂泰三[1]对日本

---

1 石坂泰三（1886—1975），日本著名企业家。1911年毕业于东京大学法学部，后到通信省任职。1915年放弃公职到第一生命保险公司工作，1938年就任第一生命保险公司社长。1949年就任东京芝浦电气（现东芝）公司社长。1956年就任日本经济团体联合会会长，成为日本当时最具代表性的财界人物。——译者注（本书如无特殊说明，均为译者注）

政府的批判如出一辙。我想今天也是日本国民和政府划清界限的时候——"我们不再依靠你"。

为何日本无法改变？日本只能没落下去吗？今后，年轻人和他们的孩子将要背负多么沉重的十字架！每念及此，我的心情便无比沉重。

此时，我们应该学习托夫勒的思想。

他在《第三次浪潮》中描写当时黑暗的社会并预测未来，同时指出我们面对这样的社会应该做好思想准备。

他写道："面对此情此景，悲观主义者唱起末日之歌……但本书的观点有所不同……世界并未失常，事实上，在这些看似不合理的事件背后，有一个光明的、充满希望的线路图。本书要讨论的正是这幅线路图和希望。"

预测未来，并提出可能的"线路图"，可以让人们获取应对危机的线索，引导他们走上希望之路。

对于那时的人们来说，托夫勒的《第三次浪潮》是"希望之书"。我期盼本书也能给读者带来希望。

2023年2月

大前研一

目录
CONTENTS

序 章
现状分析
无法跨越第三次浪潮的日本

003 / 摇摇欲坠的"世界第三大经济体"
004 / 多方经济下行
005 / 为何拜登先访问韩国而非日本
006 / 落后于时代的索尼与本田
009 / 担当大臣象征着政府"功能不全"
010 / 日本政府是"失败组织"的代表
013 / 止步于第二次浪潮的日本

第1章
何谓"第四次浪潮"
日本应尽早了解的世界最新潮流

017 / 从盛赞到衰退

主题研讨　应对第四次浪潮的国家战略——21世纪型经济理论①

018 / 如果托夫勒尚在人间

019 / "新资本主义"是极权主义

021 / 无法理解"无国界经济"的人们

023 / 人类社会迎来的第四次浪潮是什么？

026 / 第一次浪潮是农业革命

026 / 第二次浪潮是工业革命

029 / 第三次浪潮是信息革命

030 / 2025年前工作岗位的增与减

032 / 被韩国赶超的日本

035 / 扩大招聘与推进"无人化"

037 / 独角兽企业排名

039 / 规则与法制对商业的伤害

040 / 第四次浪潮的工作前景

042 / 未来会消失的职业

045 / 网络社会需要什么样的人才？

048 / 奇点后依然存在的工作

051 / 偏差值教育是万恶之源

054 / 日本应该做出的选择

验证1　"最低时薪3900日元！"全球招聘正在剧变

058 / 亚马逊的基本工资上限降为5000万日元

060 / "包装"失去价值

验证2　第四次浪潮与第三次浪潮的区别

　　062 / 日本无法提升生产率的原因

　　063 / 一台手机驱动世界

　　065 / 值得关注的日本新兴企业

　　067 / "国家"和"公司"的概念正在消失

　　068 / 目前只是第四次浪潮的开端

第2章
对未来的不安可以消除
"课题先进国"日本应展示的未来

　　073 / 日本率先进入少子老龄化与低欲望社会

主题研讨　人生百年时代的国家战略——21世纪型经济理论②

　　075 / 无视"现实"的人们

　　076 / "人生百年时代"是一种误解

　　079 / 凯恩斯主义经济学家的困惑

　　080 / 21世纪型经济将跨越国境

　　083 / 日本持续下降的欲望水准

　　085 / 何谓"2000万日元养老问题"

　　086 / "威胁"悲观国民的政府

　　087 / 年轻人更担心养老

　　089 / 零利率储蓄的日本人与零利率消费的美国人

092 / 退休后有闲钱的日本人

094 / 日本人应该放弃的两种说法

094 / 美国人的生活计划与资金计划

097 / 退休后度假的意大利人

099 / 失去爱好的日本老年人

101 / 日本的"孤独老人"持续增加

101 / 为何只有日本人对未来感到不安

106 / 日本应该怎么办？

108 / 养老保障制度的资金问题

110 / 让专家消除经济担忧

112 / 个人金融资产需要高利率

113 / 容积率倍增很有效

115 / 为何日美的养老资产相差10倍？

116 / 将住房投资与书房纳入预算

120 / 大前研一"21世纪型经济理论"总结

提议1　经济新常识——"利率上调则经济复苏"

121 / 日银总裁黑田东彦加速日元贬值

124 / 美国上调利率的意图

提议2　给沉默的大多数的提案

125 / 为何自民党会"政治分肥"？

127 / 给父母的生活补贴也应纳入预算

130 / 应对少子化挑战

132 / 如何驱动富裕阶层的资产

第 3 章
生存的关键在于"极致型"
将自身优势发挥到极致

---

137 / 超越"选择与集中"的经营方式

主题研讨　将企业优势发挥到极致的经营战略——21世纪型经济理论③

138 / 经营者需要"想象力"

140 / 关注企业极致优势的背景

140 / "GAFA"不断打破行业壁垒

144 / 掌握"从A到Z"的一切

145 / "均衡发展型"与"极致型"

147 / 日本企业低迷的原因

149 / 日本企业显著的低利润率

150 / 1+1≠2的多元化

153 / 将自身优势发挥到极致的企业

155 / 雀巢多元化发展的优势

157 / 发展中的富士胶片与西门子

158 / 半导体企业何以盛衰？

161 / 露露乐蒙（Lululemon）快速发展的秘密

163 / 索尼与松下的差距

163 / 新型商业模式——"虚拟主播"（Vtuber）

165 / "atelier haruka"的成功之道

168 / 日本企业的问题与对策

170 / 均衡发展型企业的极限

172 / 转型极致型企业的步骤

174 / 何谓极致型人才

175 / 经营者要成为极致型人才

176 / "企业参谋"与组建团队也是一种方法

补充研讨1　如何评价优衣库董事长柳井正的表态？

179 / "俄罗斯人也有生活的权利"

180 / 等待还是退出？

181 / "年薪增长40%"的冲击

补充研讨2　日本电报电话公司（NTT）的新型"远程办公"将改变日本

183 / 在家里上班，去公司等于出差

184 / 利于加强员工的"想象力"

后　记
培养孩子的"手机想象力"

---

189 / 避免陷入"考证""终身学习"的跟风热潮

190 / 应该学习什么技能？

192 / 摆脱文部省的束缚，实施新的教育

193 / 手机开启全新人生

195 / 译后记

序　章

现状分析

无法跨越第三次浪潮的日本

摇摇欲坠的"世界第三大经济体"

在分析第四次浪潮前,有必要审视一下日本经济与企业的现状。

自1968年以来,除当年的德意志联邦共和国(西德),日本一直是"世界第二大经济体"。然而,2010年日本被中国赶超,成为世界第三,与第四名德国相比,国内生产总值(GDP)相差2万亿美元。但如今日德之间的差距只有几千万美元。日本很可能会失去世界第三的位置,甚至有人预言,到2050年,日本的GDP只占中国或美国的1/8,将下降至世界第九。

人均GDP方面的变化更明显。根据日本政府的估算,2020年度日本的人均GDP在经济合作与发展组织(OECD,以下简称经合组织)中只列第19名。经合组织由38个国家组成。国际货币基金组织(IMF)的数据显示,韩国的平均消费水平已在2018年超过日本。此后,日韩平均消费水平的差距逐年扩大。

而日本经济的衰退远不止如此。

多方经济下行

我在《经济参谋》中指出，日本的薪资水平在20多年间没有发生任何变化。日本的平均年薪约比韩国少40万日元，约比经合组织平均值少120万日元，约比美国少350万日元。2020年，经历新冠疫情后，上述差距进一步扩大。上调薪资需要提高企业的劳动生产率。20多年来，日本的薪资水平没有上涨，这意味着日本企业的生产率没有提高。

本书第2章将介绍日本企业发展的低迷状况。独角兽企业，即估值超过10亿美元却未上市的初创企业，其数量最具代表性。截至2022年10月，该项指标世界排名第1位的美国有651家独角兽企业，排名第2位的中国有172家，排名第3位的是近年发展迅猛的印度（70家），第4位英国（49家）、第5位德国（29家）紧随其后。而日本仅有6家，排名世界第18位。在亚洲，日本甚至比不过第10位韩国（15家）和第11位新加坡（14家）。

教育领域同样如此。根据英国的大学评价机构夸夸雷利·西蒙兹公司（QS）的数据显示，世界大学排名中，日本大学排名最高的是东京大学（第23名）。世界排名第一的学校是我的母校——麻省理工学院（MIT），排名第二及之后的学校分别是剑桥大学、斯坦福大学、牛津大学、哈佛大学和其他名校。同在亚洲地区，中国的北京大学（第12名）、清华大学（第14名），新加坡的南洋理工大学（第19名）都进入前二十。根据文部省《科学技术指标2022》

的数据显示，日本的科学论文数量也在2022年跌出前十，被西班牙和韩国超越。

整个日本让人感觉即将"沉没"。有很多原因造成了这种局面，但毫无疑问的是，日本全面落后于世界的潮流。

不仅是统计数据与其他国家相差甚远，日本甚至不被重视，从2022年5月美国总统拜登访问韩日的过程便可见一斑。

为何拜登先访问韩国而非日本

美国总统拜登上任后，首次访问东亚便去了韩国，接着才到日本。美国总统先访问韩国再拜访日本，这在过去的28年从未有过。

其原因众说纷纭。有人认为这是为了庆祝亲美派的韩国总统尹锡悦上任，也有人认为是为了让澳大利亚新总理安东尼·阿尔巴尼斯参加四国首脑会议。可是就行程而言，先访问日本也并无大碍。

就外交层面而言，先访问的国家最受重视。当时的白宫发言人普萨基，曾就访问顺序含糊表示："希望不要过度解读。"但毫无疑问，拜登的此次访问，更重视韩国而非日本。

这是为什么？其一是因为韩国的经济状况良好。根据国际货币基金组织截至2022年4月的统计结果显示，韩国2021年的经济增长率为4.02%，远超日本的1.62%。过去40年里，韩国除1998年受金融危机影响，其经济增长率都高于日本。其二是因为美国希望韩企加大对美投资。这在拜登的韩国行程中可以窥见。拜登抵达韩国后，亲自前往三星电子公司的半导体工厂，会见韩国总统尹锡悦和当时三星的副董事长李在镕。此后，他每天都会会见韩国的企业家。在韩最后一天，他与现代汽车集团的董事长郑义宣进行单独会谈。这是拜登访韩的最大目的。

实际上，三星已经发布未来5年的投资计划：尹锡悦总统任职期间，投入450万亿韩元（约47万亿日元）用于设备投资和研究开发。其中一部分资金投向美国，用于半导体委托生产的新工厂。为迎接2022年11月的中期选举，拜登访问了市场份额位列世界第二的三星集团，目的是增加就业岗位。

在日本举行的四国首脑会晤中，四国就未来5年向该地区基础设施建设投资500亿美元（约6.5万亿日元）达成共识。然而三星一家公司的投资额就达其7倍以上，足见两者之间的差距。

其他韩企也公布了各自的巨额投资计划。比如，现代汽车集团的3家企业2025年前投资63万亿韩元（约6.6万亿日元），韩华集团未来5年投资37.6万亿韩元（约4万亿日元），乐天集团未来5年投资37万亿韩元（约3.9万亿日元）。虽然有人认为这是"送给新政权的贺礼"，但我们可以从中看到韩企的魄力与余力。

另一方面，据日本政策投资银行调查显示，本金超过10亿日元的日本大型企业，2022年度的国内设施投资，整个产业758家公司加在一起只有3.8784万亿日元。这种差距不言而喻。

落后于时代的索尼与本田

下面看一下半导体产业。台湾积体电路制造公司（TSMC，以下简称台积电）在熊本县[1]建设工厂，日本政府预计补助4000亿日元，约为投资额的一半。该工厂为附近的索尼（SONY）工厂提供22/28纳米和12/16纳米制程工艺的芯片，不过这些芯片都是10多年前的老式芯片。目前最尖端的制程工艺已达1纳米～2纳米，台积电显然无法与三星匹敌。

现代汽车制造的电动汽车（EV）也位于世界前列。2021年，现代旗下搭载350千瓦快速充电的运动型多用途汽车（SUV）"现代艾尼氪5"（IONIQ5）在欧美发售。虽然现代汽车曾于2009年退出日本的轿车市场，但2022年5月开始再次进入日本并发售此款车型。据称该款车型满电续航里程高达498千米～618千米（WLTC纯电动续航里程，下同），快速充电只需5分钟就能行驶220千米。充电如同加油，特斯拉的"Model3"，满电状态下续航里程达到565千米～689千米，250千瓦快充15分钟就能行驶275千米。"IONIQ5"与"Model3"正在全球市场一较高下。

日本的电动汽车起步过晚。比如东风日产（NISSAN）的"聆风"满电状态可行驶322千米～450千米，其续航能力远不及"IONIQ5"和"Model3"。而日本电动汽车快充协会倡导的快充标准"CHAdeMO"，其大部分快速充电器的最大功率还不到50千瓦。虽然不同汽车的续航能力有一定差异，但一般情况下使用50千瓦快速充电器充电15分钟只能行驶80千米。

---

1 熊本县，位于日本西端九州岛的中心位置，境内以熊本市为中心构成了日本三大都市圈之外的熊本都市圈，自古以来就是九州地区的政治中心。

现代和特斯拉的电动汽车虽然存在因成本、安全、环境应对、大雪等因素造成的缺电抛锚风险，也存在其他各种问题有待解决，但毫无疑问的是，它们仍然遥遥领先于日本的电动汽车。

本田技研（HONDA）与索尼合资成立"索尼本田移动公司（SHM）"，共同开发销售电动汽车。不过两家公司往日的辉煌已然不再。虽然索尼本田移动公司计划2025年交付新款车型阿菲拉（AFEELA），但是已经全面落后，想要追上现代和特斯拉的步伐很难。

日本音响设备制造商也面临困境。山水电气、特丽音（现JAC建伍）、先锋（Pioneer）、安桥（ONKYO）、赤井电机等日企曾经凭借高端产品横扫全球。然而时过境迁，山水电气和赤井电机已经破产，安桥收购先锋后也在2022年5月破产。相比于美国的音响制造商杰宝（JBL）和博士（BOSE），日本企业由于无法与智能时代的客户需求接轨而纷纷破产。

归根结底，如今日本的根本问题在于日企的停滞不前和无法转型。此次拜登优先访韩，日本政府应该有所警觉。但岸田政府的《经济财政管理和改革基本方针（基本方针2022）》中只有"为实现经济持续增长，推动政企合作的重点投资等"空洞无物的套话。日本已经失去世界知名的企业，其颓势仅凭政府的几句口号恐怕回天无力。

担当大臣象征着政府"功能不全"

为何日本政府无法出台有效政策应对目前处境？我们可以把责任归咎于政治家的能力有限，但更应该看到日本保守的政治制度与组织结构无法响应新时代的要求，这才是更严峻的问题。

从日本内阁的组成就可以看出政府"功能不全"的问题。

岸田政府第二次改组内阁时，人们主要关注与教会有关的、存在派系问题的几位成员，可能并未在意此前大肆宣传的两个新设立的担当大臣[1]——初创企业担当大臣与绿色转型（GX）[2]担当大臣。

设置这两个"担当"大臣实在是贻笑大方，甚至让人质疑。

先看初创企业担当大臣。日本首相岸田文雄表示"要在年底前制定'5年增长10倍'的5年计划"，他任命经济再生担当大臣山际大志郎担任总指挥，同时兼任初创企业担当大臣。后来山际大志郎因被曝出与教会有关联而辞职，接任者为众议院议员后藤茂之。与其他国家相比，日本的初创企业确实非常少，因此需要增加数量。然而按照岸田文雄的做法，只是设置担当大臣、制定5年计划就能轻易地实现10倍增长吗？

我在1996年成立进取者商业学校（Attackers-Business School），

---

1 担当大臣，日本政府中专门管理某一项事物的官员，于2001年为补充各省国务大臣不足而设置。一般由日本首相任命，是日本内阁成员。
2 绿色转型（GX），即Green Transformation，将导致碳排放的化石燃料转化为可再生能源和脱碳燃气，改革经济社会体系和产业结构。——原书注

专门培养创业者和企业家。目前拥有毕业生6318名，由毕业生创立的初创企业有810家，上市企业有14家。我无法理解由政府主导增加初创企业的数量这一思路。如果行政层面要干涉，那应该是地方政府的工作。就算由中央政府主导，只需在经济产业省设立相应部门，为初创企业提供经费和场地就好。

绿色转型担当大臣也一样。日本为了在2050年前达到碳中和，实现净零排放的目标，通过政企合作，让双方共同承担绿色转型的责任。碳中和是全球共同追求的目标，而绿色转型则是所有企业的必由之路，解决这个问题并不容易。可是前经济产业大臣一被任命为绿色转型担当大臣后，仅上任两周就转任，其职位则由前经济再生担当大臣匆匆接任。

而且，我对经济再生担当大臣兼任初创企业担当大臣一事也有疑问。因为初创企业属于经济产业省的管辖范围，所以应由经济产业大臣担任初创企业担当大臣。另一方面，经济产业大臣兼任绿色转型担当大臣也不合适，应由环境大臣担任才对。因为只有环境大臣才会将净零排放视为首要的工作任务。

日本政府是"失败组织"的代表

我不理解为何要设置"担当大臣"。根据《内阁法》的规定，除内阁总理大臣以外，国务大臣人数原则上为14人，必要时最多可增加3人。不过《特别法》对上述人数进行了调整，国务大臣人数原则上调整为16人，必要时最多可增加3人。其中，在内阁府设置

"特命担当大臣"，在内阁官房[1]设置"担当大臣"，均由国务大臣兼任。

内阁府的"特命担当大臣"需要处理横跨多个省厅机构的长期重要事务。其中包括防灾、冲绳及北方政策、金融、消费者及食品安全、少子化等五项常规事务，以及经济财政政策、规制改革、数字改革、预防核能灾害、海洋政策、太空政策、地方创生[2]、男女共同参政、酷日本战略[3]等其他事务。

内阁官房的"担当大臣"则由日本首相根据应急政策进行任命。岸田文雄第二次改组内阁时，设置了初创企业、绿色转型、经济再生、摆脱通货紧缩、新资本主义、数字田园都市国家构想、经济安全保障、产业竞争力、行政改革、国土强韧化[4]、绑架问题、领土问题、新冠问题与健康危机管理、全民型社会保障改革、女性就业、儿童政策、孤独与孤立问题等多个担当大臣。

岸田政府将数量繁多的任务分配给各位大臣，但担当大臣的管

---

1 内阁官房，直属于内阁，以内阁官房长官为领导，是日本首相的辅佐机构。由于日本各省厅机构庞大，事务繁杂，政策的上传下达工作、各省厅之间的沟通交流工作，就需要由内阁官房完成。
2 地方创生，日本政府为了修正东京一极集中、减缓地方人口减少、提升日本整体活力所提出的一系列政策总称。
3 酷日本战略，日本政府向海外推销国际公认的日本文化软实力所制定的宣传计划与政策。
4 国土强韧化，日本吸取3·11大地震教训后推行的一项计划。其主旨是针对日本多发的各种自然灾害，建设和完善有利于事先预防、灾后修复和复兴的相关基础设施和治理体系等。2013年12月通过实施《国土强韧化基本法》，内阁也成立了"国土强韧化推进本部"。

辖范围却不够明确。比如，财务大臣兼任金融担当与摆脱通货紧缩担当大臣，经产大臣兼任产业竞争力担当与俄罗斯经济领域合作担当大臣，数字大臣兼任数字改革担当大臣。可是，各位国务大臣原本就应该负责这些事务，设置担当大臣显得画蛇添足。

经济再生担当大臣兼任新冠问题与健康危机管理担当大臣和全民型社会保障改革担当大臣，国家公安委员长兼任国土强韧化担当大臣与领土问题担当大臣，这种安排更是令人啼笑皆非。按照工作性质，新冠问题与社会保障改革理应由厚生劳动大臣负责，国土强韧化应由国土交通大臣负责，而与外国有关的领土问题则应由外务大臣负责。

总之，兼任担当大臣的工作范围混乱不堪，让人丈二和尚摸不着头脑。

是什么原因导致了这种情况的发生？是因为政府部门没有做好其应该做好的工作。如果首相希望"另立招牌以突出某项政策"，就应该与相关的政府部门充分沟通，有薄弱环节就加强。政府部门应该主动担责，在不足的地方设置人员加强工作。正是因为政府部门的不作为，才导致担当大臣"滥造"的现象。

我曾就企业的经营管理提出过以下观点：优秀的经营者专注一件事，而失败的经营者不断提出要求，最后一事无成。比"失败的经营者"更失败的是，无论设置多少个新的岗位，企业都毫无起色，而且还损耗原有岗位员工的积极性。现在的日本政府就是"失败组织"的典型代表。

止步于第二次浪潮的日本

日本在政治家、公务员的组织中出现"功能不全"的现象绝非偶然。这意味着日本仍然按照20世纪工业社会的逻辑运作。

一个有趣的现象是,大部分日本的政府机关、企业和学校都直接套用了阿尔文·托夫勒在《第三次浪潮》中提到的工业社会"6项原则",详情如下:

①标准化——统一产品、零件、工序、配送路径、业务及管理

②专业化——为节约时间和劳动力,促进工序分工化、作业专门化

③同步化——严格遵守时间,不因部分作业拖延导致整个工序延迟

④集中化——重视效率,集中使用能源、人口、劳动、教育、企业

⑤极大化——通过更大、更多、更长久的生产实现高收益和高发展

⑥集权化——通过集中信息、命令的管理机构掌握权力,实现高效率的经营管理

"6项原则"实现了工厂的大量生产与市场的大量消费,从而

支撑工业社会即第二次浪潮的全盛时期。

而上述原则现在似乎仍然留存在日本的产业、企业及政府机关里，尽管托夫勒半世纪前就已提出"6项原则"最终将被第三次浪潮取代。

目前，全球已经跨过以欧美为中心的第三次浪潮，正迈向第四次浪潮的前半阶段。日本处在世界潮流之中，当然不能置身事外。下一章，本书将详细讲述何谓"第四次浪潮"，以及如何顺势而为。

第 1 章

何谓"第四次浪潮"

日本应尽早了解的世界最新潮流

从盛赞到衰退

　　1979年,哈佛大学日本问题研究专家傅高义出版了《日本第一》(*Japan as Number One*)一书。该书分析了战后日本经济高速发展的原因,并盛赞日式的经营管理。书的副标题是"对美国的启示"(*Lessons for America*),认为日本人的美德是美国人应该学习的。该书在日本也拥有众多读者,是一本象征着时代的畅销书。

　　然而,日本的全盛时期并没有持续很久。1985年,日本签订《广场协议》后,日元迅速大幅升值,导致日本的出口产业异常疲软,国内泡沫不断扩大。低利率政策导致投机活动加速,房地产、股票和美术作品等所有投资价格飞升,最终导致泡沫加剧。1991年,泡沫终于破裂,日本迅速陷入衰退期。经济陷入滞胀的这段时间,最初被称为"失去的十年",可是这场衰退持续了20年甚至30年,至今都没有复苏的迹象。日本经济陷入长期低迷。

　　阿尔文·托夫勒的《第三次浪潮》是在《日本第一》出版后的第二年,也就是1980年出版的。托夫勒预测了支撑日本发展的工业社会的极限和即将到来的信息社会的蓝图。如果勤奋的日本人认真学习托夫勒的经济理论，在第三次浪潮中主动转变，那么后来的历史可能会大不相同。

如今新的浪潮再次来临，我们不能重蹈覆辙。影响21世纪新经济结构变化有两个主要因素，一个是"第四次浪潮的来临"，另一个是"对人生百年时代的不安"。在此，我将根据"向研会"的演讲内容分享自己对"第四次浪潮"的理解，并进一步思考在第四次浪潮来临、网络社会加速发展的当下，为何日本政府的经济政策不见成效。

主题研讨
应对第四次浪潮的国家战略——21世纪型经济理论①

如果托夫勒尚在人间

2022年以来，我一直在研究"21世纪的新经济学"，并就最新的经济潮流提出"无国界经济""看不见的新大陆""平台战略"等诸多提案，也致力于研究日本经济发展受阻的原因、全球经济今后的发展方向等问题。

我将21世纪的最新潮流称为"第四次浪潮"。这来源于阿尔文·托夫勒的经济理论，来源于他创作的世界级畅销书《第三次浪潮》。

我在世界各地演讲时,都会遇到托夫勒,不知不觉两人就成了很好的朋友。

托夫勒有时会说:"虽然我们两人父母不同,其他不同之处也数不胜数,但两人的想法如此接近,就像一个豆荚里的两颗豌豆(two peas in a pod)。""two peas in a pod"意思是豆荚里的两颗豆子虽然独立存在,但是想法相同。日语里也有类似的表达——"瓜ふたつ",意思是"相似的人"。

托夫勒说过我们很像,如果他尚在,一定也会写下"第四次浪潮"。下面,请让我来分享自己对"第四次浪潮"的理解,分享这种新的思维方式。

"新资本主义"是极权主义

第四次浪潮正在全球不断蔓延,然而日本的经济发展依然受阻,可见日本前首相安倍晋三与日银总裁黑田东彦实行的"安倍黑田[1]"政策并无任何成效。这9年是日本经济"黑暗"的9年。

虽然岸田文雄上台后实施了不少政策,但大都陷入了困境。

首先,岸田内阁高举"新资本主义"的旗号,说要优待加薪企业,但其根本不明白什么是资本主义。

---

[1] 安倍黑田,安倍经济学与日银总裁黑田东彦推出的超宽松货币政策的简称。

加薪企业的优惠政策是：如果满足政府提高薪酬、重视员工培训等要求，中小企业的法人税减税率最高提至40%，大型企业提至30%（图2）。

岸田政府根据新资本主义出台"企业加薪优惠政策"是对资本主义的亵渎

面向加薪企业的优惠政策

物品采购投标优惠
- 2022年4月起，政府采购对加薪企业的优惠力度上调5%~10%。
- 2020财年，政府采购金额约为10.7万亿日元。如果适用该政策，接近总额的40%约4.2万亿日元将用于此项优惠政策。

↓

- 上调薪资的公司，成本也会上涨。
- 投标是国家项目，这与将税收用于高成本公司相矛盾。
- 欠缺公平性的投标就是犯罪，这不是新自由主义，而是国家极权。

促进加薪的税收制度
- 从2022财年开始，加薪企业的法人税减税率提高，大型企业最高提至30%，中小企业最高提至40%。
- 目前，大型企业最高减税率为20%，中小企业最高为25%。

↓

- 薪资是管理者决定雇员工作时长并支付其相应报酬的关键因素。
- 政府干涉企业招聘及员工的薪资发放不合理。
- 税收为国家所有，随意使用会破坏自由主义经济。

资料来源：《日本经济新闻》2021年12月28日刊及各种报道资料

图2　岸田政府"企业加薪优惠政策"存在的问题

企业只有在生产率得到改善时，才会上调员工的薪酬待遇。如果没有改善生产率就上调薪酬，在缴纳法人税之前，企业就会失去竞争力。岸田文雄的上述做法实在让人费解。

"政府采购竞标时，企业上调薪酬则享有优待"的政策简直就是政府犯罪。企业上调薪酬，成本自然也水涨船高。岸田将国民税收用来优待高成本的企业投标，这不是自由主义，也不是资本主义，分明是极权主义。

更让人惊讶的是，岸田文雄可以若无其事地推行这些政策，而媒体、经济学家、内阁府专门分析经济的公务员居然都对此沉默。

无法理解"无国界经济"的人们

"加薪问题"的背景在于，以美国前总统特朗普为首的政治家、学者和经济学家并不理解"无国界经济"和"全球经济"（图3）。

过去40年，无国界经济可谓世界的最大进步。所谓无国界经济，就是世界规模的地球资源最优化，企业采购质量最好的原料，在劳动力优质且廉价的地区制造，在利润高的市场销售，从而得以发展。

40年来，世界逐步形成了以中国为中心的供应链网络。这是事实，因此即使有人反对也需要承认。

特朗普曾表示"iPhone要在美国生产"。他应该参观一下位于中国四川成都的富士康（鸿海精密工业）工厂，该工厂有十余万名员工。虽然iPhone在世界各地同时销售新的型号，但电源系统和说

021

全球供应链机制

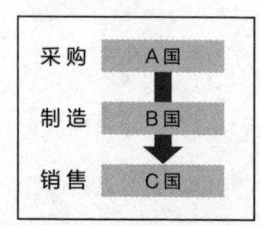

采购	A 国
制造	B 国
销售	C 国

- 全球化是指，在全球最合适的场所采购原料、制造生产、销售产品。
- 最合适的场所的搭配组合相当于利用地球资源实现收益最大化。
- 如果人工成本上涨，业务会转移到国外或者外包，导致国内的工作岗位减少。

全球贸易形势（2020年）

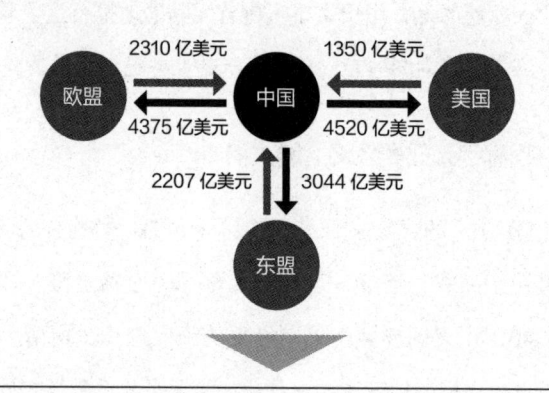

欧盟 —— 2310 亿美元 →　中国　← 1350 亿美元 —— 美国
欧盟 ← 4375 亿美元 　　　中国　　　 4520 亿美元 → 美国

中国 ↑ 2207 亿美元　3044 亿美元 ↓ 东盟

- 以中国为中心建立的全球供应链密不可分。
- 结果美国发生通货膨胀，商店将会没有商品。
- 不要被政治家迷惑，只有追求世界规模的最优化，企业才能长期生存。

资料来源：世界贸易振兴机构（JETRO）《2021年版 JETRO 世界贸易投资报告》

图3　全球供应链机制和全球贸易形势

明书各不相同。因此，即使将iPhone工厂搬到美国，也无法生产出相同的产品。实际上，在美国组装iPhone，所有的零件都来自东南亚和中国。

虽然特朗普对此征收了60%的关税，但没有作用。因为这条供应链是历经40年形成的，仅仅一个广东省的就业人口就比越南全国的都要多。即使可以邀请相关工厂落户日本，也找不到所需的蓝领工人。就算跑遍日本，也找不到。美国也一样，无法招聘到大量的蓝领工人。因此，这些工厂不会落户到美国或日本。美日这类国家只能发展IT或金融等新经济，而传统的制造业只能通过无国界经济实现。

从结果而言，征收关税、让制造业回归本土只会导致通货膨胀。因为人为的征收关税会导致成本上涨，自然会出现通货膨胀。

从图4可以看到岸田政府不断出台政策却迟迟不见成效的两大原因。下文将在此基础上探讨第四次浪潮的问题。

人类社会迎来的第四次浪潮是什么？

作为"第三次浪潮"后人类社会最重要的趋势，如果阿尔文·托夫勒尚在人间，他应该会写下《第四次浪潮》。

可能有人会质疑："第四次浪潮"是什么？是否只是大前研一的一家之言？我的《无国界的世界》(《ボーダレス・ワールド》)已作为一项理论体系，成为世界管理人士的研读对象。我认为，"第四次浪潮"与托夫勒的主张紧密相关（图1）。

为什么政府的经济政策不见成效?

```
为什么政府的经济政策(新资本主义)始终不见起色?

不理解新经济的本质(结构变化:网络、无国界)
● 不理解 21 世纪型经济的本质
● 一直沿用 20 世纪型经济政策
```

21 世纪型经济的本质与结构变化

❶ 第四次浪潮的来临
（在第 1 章进行验证）

❷ 对人生百年时代感到不安
（在第 2 章进行验证）

人类社会已经进入第四次浪潮的网络社会，但日本依然停留在第二次浪潮的工业社会，由于规章制度和教育的落后，日本无法应对目前的变化

对人生百年时代感到不安，所以日本成为世界上罕见的"低欲望社会"，不管增发多少货币，经济都没有好转

- 无法开发疫苗。无法推动线上就诊、线上支付补助金。
- 受僵硬规则影响，独角兽企业没有增加。
- 未来，专家与白领的工作岗位将因人工智能而消失。
- 受解雇限制影响，企业不能裁员，无法推进产业更新换代。
- 受工业社会的教学大纲束缚，无法推进21世纪型教育改革。

- 宣扬"人生百年时代"，国民受此威胁，对未来感到不安，所以不再消费。
- 许多老年人去世时存款惊人。
- 即使继续实行零利率和超宽松货币政策，也不会改变低欲望社会的现状。
- 低利率资金将流向国外高利率市场（利差交易）。
- 即使将高欲望的美国模式应用到低欲望的日本，也不能指望有效果。

图 4　日本政府接连出台的经济政策不见成效的主要原因
及经济政策调整方向

我们知道，第一次浪潮是农业革命，第二次浪潮是工业革命。工业革命起源于苏格兰，后蔓延至全球。日本赶上了工业革命的好时机，在英国爆发工业革命后不久，就发生明治维新，赶上了这次浪潮。

托夫勒的第三次浪潮是由信息革命发展而来的后工业社会，即信息社会。信息社会出现在几十年前，随之而来的是电脑的普及和办公室文员的急剧增加。目前世界正处于第三次浪潮的后半阶段，人类社会通过解雇办公室文员以增加市场上的劳动力来应对第四次浪潮。一次浪潮的出现，序幕一定会伴随着大量的招聘，其尾声则是不断的裁员。而其他的产业会招聘新的劳动力乘上下一次浪潮。这便是产业革命的节奏。

很可惜，日本没能赶上信息革命，也就是第三次浪潮的后半阶段。因为日本社会很难解雇那些处理间接业务的办公室文员。虽然有不少间接业务已被自动化替代，但那些被替代的文员没有新岗位可去。因此在过去30年，大部分日企的生产率增长步伐停滞不前。此外，日语的局限也是阻碍日本信息化的重要原因。总之，日本尚未进入第三次浪潮的后半程，而其他国家已经越过第三次浪潮，开始步入第四次浪潮。

第四次浪潮就是人工智能（AI）和智能手机引发的网络革命。在这次浪潮中，具有"想象力"、可以"无中生有"的人将获得财富。

第一次浪潮是农业革命

从这里开始，我们将更详细地说明每次浪潮。

第一次浪潮发生在农业社会（图5）。农民数量急剧增长的国家竞争力更强。1900年，也就是120多年前，阿根廷曾是世界第五大经济体，可它今天已成了"债务违约国家"。

阿根廷在第一次浪潮后期，曾推动大量的农业人口从事工业建设。战后的日本，从事农业生产的人口曾占就业人口总数的50%，但目前仅有3.5%，而世界第一农业强国的美国只有1.3%。为何美国仅凭1.3%的农业人口就能维持其世界第一的地位呢？

因为美国在动员大量人口从事劳动集约型生产，提高竞争力后，迅速引导农业转为规模化、自动化的大规模农业。这种聪明的做法与荷兰如出一辙。荷兰的国土面积只有日本的九州岛大小，却能成为世界第二的农产品出口大国，是因为荷兰的农业合作组织不断合并，实力非常雄厚，拥有出口全球的强大竞争力。

总之，在农业社会从前半阶段向后半阶段过渡时，农业生产中的过剩人员都会进入下一次浪潮的工业社会。

第二次浪潮是工业革命

在工业社会的前半阶段（图6），英国发生工业革命时，曾雇佣大量工人在工厂、矿山工作。当时，日本也建设有国营富冈

(a)农业社会就业人口曲线

(b)日本农业就业人口比率趋势

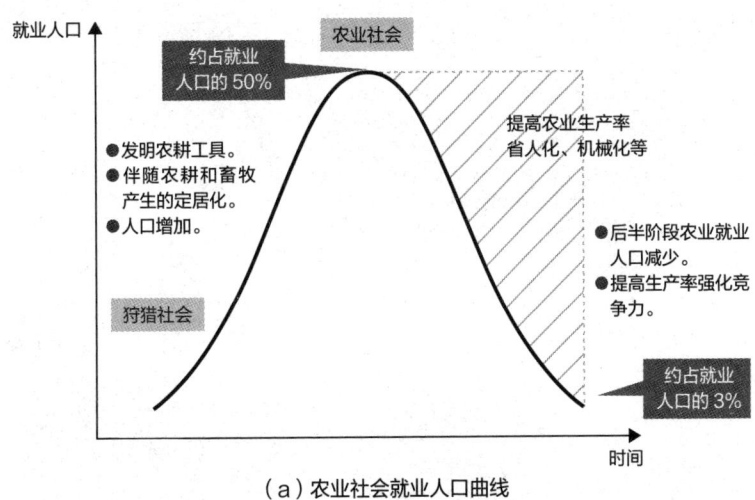

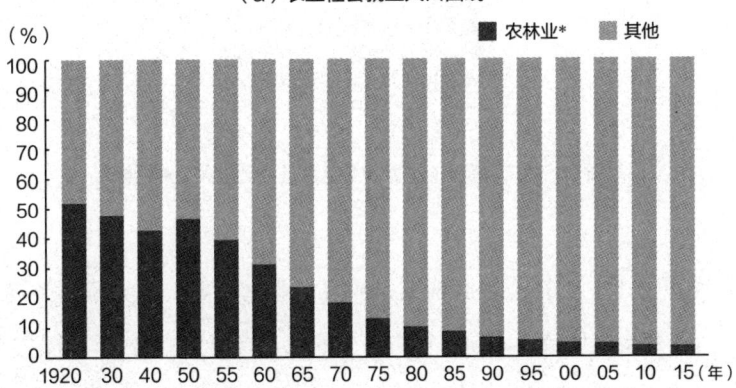

- 日本的农业就业人口比率从战后的将近50%变成现在的3%。
- 曾经，美国农业就业人口众多，大量农产品出口到世界各地，但2019年其农业就业人口仅占就业人口总数的1.3%左右。

* 农业和林业类别自1995年起合并
资料来源：内阁府《人口普查》

图5　第一次浪潮：人类社会从狩猎社会进入农业社会

027

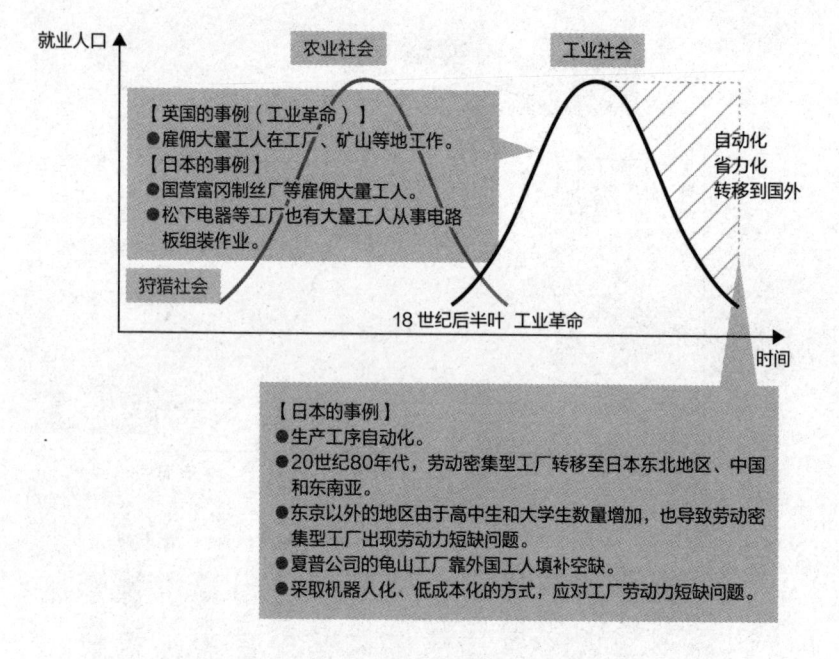

```
就业人口 ↑
                    农业社会              工业社会

          【英国的事例（工业革命）】
          ●雇佣大量工人在工厂、矿山等地工作。
                                                        自动化
          【日本的事例】                                  省力化
          ●国营富冈制丝厂等雇佣大量工人。                转移到国外
          ●松下电器等工厂也有大量工人从事电路
            板组装作业。

      狩猎社会
                          18 世纪后半叶 工业革命
                                                              时间 →

          【日本的事例】
          ●生产工序自动化。
          ●20世纪80年代，劳动密集型工厂转移至日本东北地区、中国
            和东南亚。
          ●东京以外的地区由于高中生和大学生数量增加，也导致劳动密
            集型工厂出现劳动力短缺问题。
          ●夏普公司的龟山工厂靠外国工人填补空缺。
          ●采取机器人化、低成本化的方式，应对工厂劳动力短缺问题。
```

图 6　第二次浪潮：人类社会从农业社会进入工业社会

制丝厂[1]等。在工业社会前期，实现工业化需要投入大量的劳动力，社会驱使劳动力前往城市近郊的工业地带集体就业。但在工业社会的后半阶段（图6），无论是半导体工厂还是汽车工厂，几乎没有什么工人。此时，蓝领工人会被自动化生产工具取代，数量不断减少。

---

[1] 富冈制丝厂，日本第一家机械制丝工厂，由日本明治政府于1872年开始运营，延续了约115年，规模在当时世界上名列前茅。

日本是世界上最早关停煤矿的国家，因为当时的通商产业省（现经济产业省）势力强大，关停了所有煤矿。其中一些被关停的煤矿成为文化遗产，进入了联合国教科文组织（UNESCO）的《世界遗产名录》，而煤矿工人则成为工厂工人、卡车司机等。不过现在，无论德国还是美国都因为各种原因无法关停所有的煤矿。

第三次浪潮是信息革命

随着服务业和白领岗位不断吸纳工业社会的劳动力，人类社会逐渐过渡到信息社会（图7）。

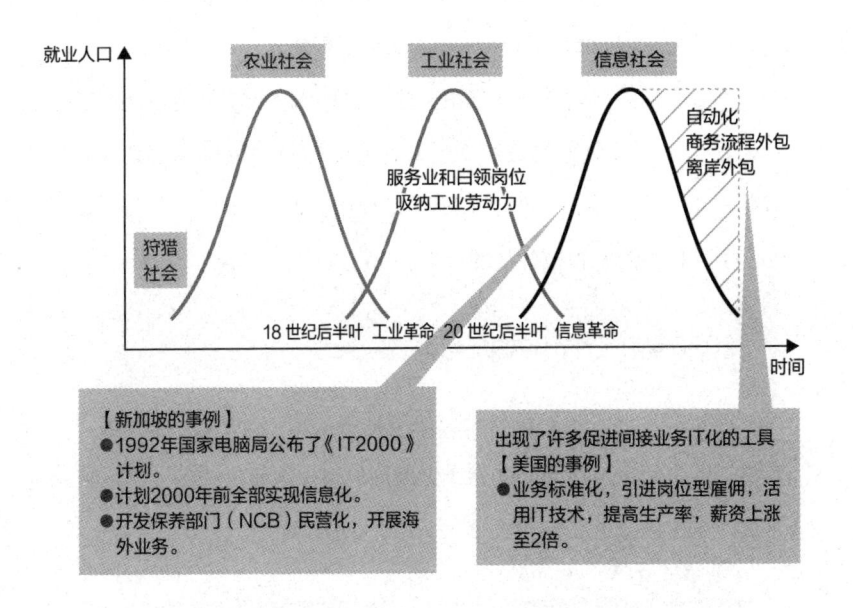

图7 第三次浪潮：人类社会从工业社会进入信息社会

这便是信息革命引发的第三次浪潮。1992年，新加坡创建国家电脑局（National Computer Board），其目标是在2000年前助力新加坡成为世界第一IT强国。1997年该任务完成后，国家电脑局实行民营化，帮助发展中国家发展信息产业。

信息社会的后半阶段，会出现间接业务自动化、商务流程外包（BPO）、离岸外包（业务转移到海外）等工作方式，并由此产生良性循环：业务标准化，导入岗位型雇佣[1]，利用信息技术提高生产效率和薪资水平。

第三次浪潮初期大量招聘的人员，往往从事呼叫中心、数据录入等简单工作。在后半阶段，他们的工作会标准化，基本由机器人流程自动化（Robotic Process Automation）替代。

不过，虽然自动化工具层出不穷，但日企一般不会使用这些工具，它们的间接业务都交给文员来完成。即便使用这些工具可以节约人工，现阶段的日本也做不到像德国《2010议程》（*Agenda 2010*）那样妥善安置被替代的员工。

2025年前工作岗位的增与减

到2025年前，不同工作岗位的增减现象将十分明显（图8）。其中，减少的岗位达到8500万个，增加的岗位则超过9700万个。换言之，工作机会正在不断增加，今后还将继续增加。

1　岗位型雇佣，企业明确岗位职责后，根据岗位需求雇佣员工的一种雇佣方式。

受数字化进程影响，预计 2025 年前，包括行政岗在内，全球将减少 8500 万个岗位

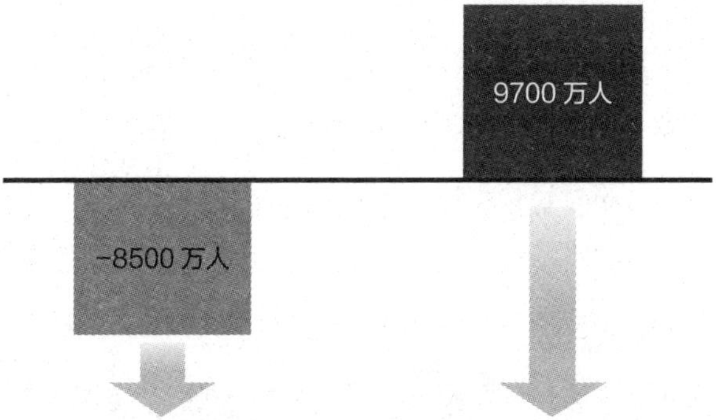

9700 万人

−8500 万人

2025 年前减少的岗位前 10 名

名次	职业·工种
1	数据录入
2	董事秘书
3	财务分析、簿记、结算员
4	审计师、会计师
5	组装工厂从业者
6	办事处服务·管理业务经理
7	客户信息·客户服务
8	总经理、操作经理
9	机器修理
10	器材记录员、库存管理员

2025 年前增加的岗位前 10 名

名次	职业·工种
1	数据分析师、数据科学家
2	人工智能·机器学习专家
3	大数据专家
4	数字营销和战略专家
5	流程自动化专家
6	业务开发专家
7	数字化转型专家
8	信息安全分析师
9	软件和应用程序开发人员
10	物联网专家

资料来源：世界经济论坛《2020 年未来就业报告》

图 8　数字化下的全球工作岗位情况预测（2020～2025）

不过，增、减的岗位是完全不同的工种。增加的是数据分析师、数据科学家，整个日本也找不出几个，而学校也没有培养此类人才。今后的社会和企业经营者需要更多数字营销、流程自动化等领域的人才。遗憾的是，日本并未培养出足够的此类人才。

招聘人才需要教育先行。教育先行指的是，在人才招聘前20年就要进行相关内容的教育。根据日本中央教育审议会的说法，自2021年4月起实施的日本高中生教育将沿用100年前工业社会的教育模式，其中只做了部分修改。因此，今天15岁的学生在20年后，也就是他们要在社会上立足的35岁~40岁时，并不具备适应信息社会的能力。如果他们前往世界其他地方，会发现自己一无是处。

目前，日本的人才供需失衡（图9）。政府应着力将图9上方的"行政""生产·运输·建设"等过剩人才转换为"专业技术"等短缺人才，并保证人才转换的顺利进行。文部省则应提前20年进行预测并实施相应的学校教育。如果没有相应的教育改革，就无法确保未来的人才资源，进而失去产业竞争力，导致日本在世界上的地位下降。

被韩国赶超的日本

人才失衡的结果就是日本的劳动生产率无法提高到令人满意的程度（图10）。因此，在过去的30年里，日本很罕见地成为一个收入没有提高的国家。而同一时间，欧洲人的收入在不断提高。

我更不愿意承认，连韩国的劳动生产率和平均年薪都已超过日

如果日本今后加速发展数字化与信息化，预计行政岗与白领将出现人员过剩

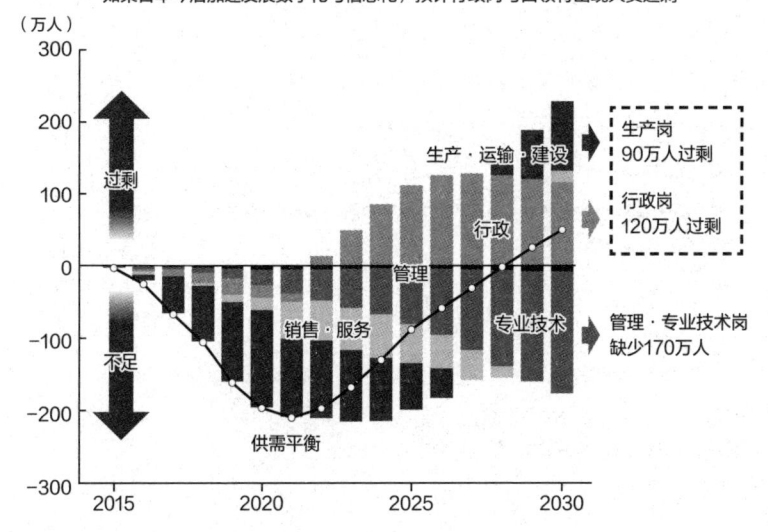

生产岗 90万人过剩

行政岗 120万人过剩

管理·专业技术岗 缺少170万人

资料来源：《日本经济新闻》、三菱综合研究所

图9　2015年～2030年日本劳动供需关系推算图

本。实际上，在15年前，日本就已被新加坡超越。

日本曾将追赶、超越美国当作工业社会时代的目标。1985年签订《广场协议》后，日本遭受巨大打击，日元猛烈升值，梦想破灭。作为曾经的工业社会之王，日本已经没落。

图10已经说得很清楚，日本这种情况确实很少见。就连韩国也已提高劳动生产率，实现全球化发展。

日本不去提高劳动生产率，却人为地要求企业涨薪，政府减税，这难道不是政府犯罪吗？政府的本职工作不是应该为提升生产

劳动生产率（雇员人均、购买力平价）*

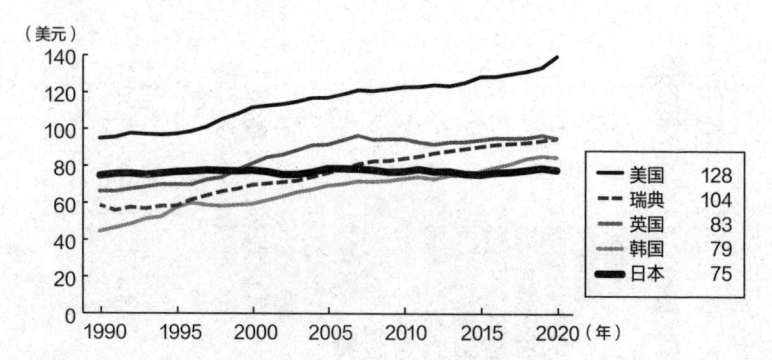

（美元）

美国	128
瑞典	104
英国	83
韩国	79
日本	75

经合组织主要成员国平均年薪（购买力平价）**

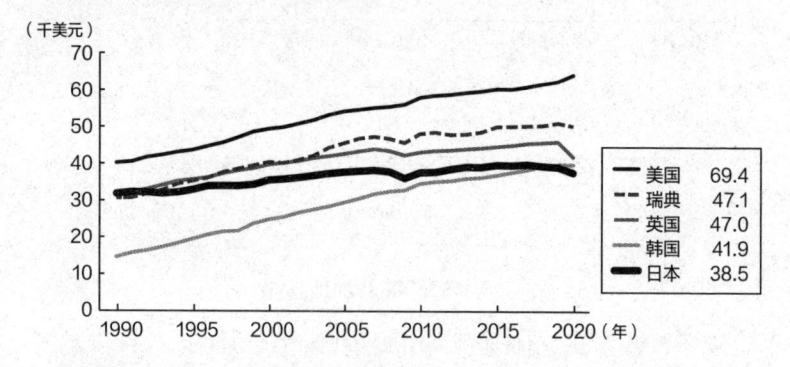

（千美元）

美国	69.4
瑞典	47.1
英国	47.0
韩国	41.9
日本	38.5

> 日本在第三次浪潮（信息社会）的后半阶段没有提高劳动生产率，所以没有减少招聘，导致日本无法进入网络社会，也难以提高年薪。

* 单位工作小时的 GDP
** 购买力平价（2020 年标准）
资料来源：经合组织

图10　第三次浪潮（信息社会）后半阶段，五国劳动生产率及平均年薪

率采取对策吗?

我们可以学习德国前总理施罗德的做法,由国家接管企业裁掉的人员,并对这些人员进行再教育,引导其回到劳动力市场。德国《2010议程》中指出,这是国家应尽的责任。德国从2003年以来一直是这么做的。可是今天的岸田政府什么也看不到,只是高高在上地要求民营企业提高工资。

扩大招聘与推进"无人化"

世界正在向网络社会过渡,网络社会初期需要吸收劳动力。亚马逊的仓库、苹果的工厂都在大量招聘员工,优步(Uber)也在大量招聘司机、优食(Uber Eats)的送餐员等。

预计2035年～2045年世界将迎来"第四次浪潮"的高峰(图11)。到那时,上述岗位也会减少。

如何进入第四次浪潮呢? 亚马逊的仓储管理、优食、DoorDash[1]等劳动力短缺的地方都是进入其中的机会。

不过,优步的很多做法从长远来看是矛盾且不道德的。因为优步虽然大量招聘司机,却不给他们转正的机会。如果某个国家要求优步将司机聘为正式员工,优步便退出该国市场。其原因在于优步投入了大量资金研发"L5级自动驾驶"技术。如果拥有该项技术,就不再需要司机。优步不愿招聘正式员工,这在某种意义上是不道

---

[1] DoorDash,一家成立于2013年的美国外卖服务提供商。

就业人口

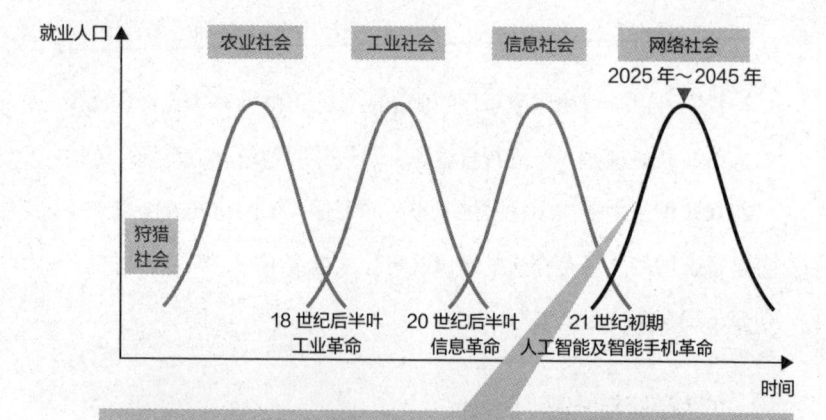

农业社会　工业社会　信息社会　网络社会
　　　　　　　　　　　　　　　　2025年～2045年

狩猎社会

18世纪后半叶　20世纪后半叶　21世纪初期
工业革命　　　信息革命　　　人工智能及智能手机革命

时间

● 亚马逊和优步创造就业岗位。
● 2023财年前，雅虎计划对全体员工进行再教育，使他们在工作中能够利用人工智能。
● 索尼集团将对日本国内约4万名员工进行独创人工智能素养培训。

（a）第四次浪潮：网络社会

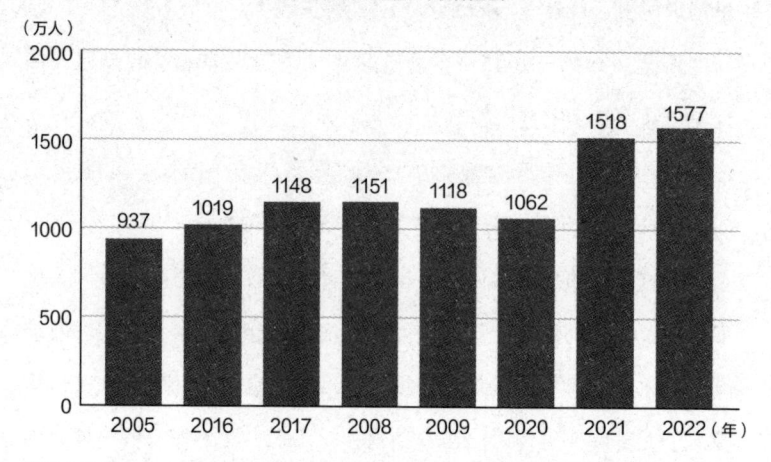

（万人）

年份	人数
2005	937
2016	1019
2017	1148
2008	1151
2009	1118
2020	1062
2021	1518
2022	1577

资料来源：Lancers《新自由职业者实况调查2021年～2022年版》

（b）日本国内自由职业人口数量变化趋势

图11　第四次浪潮：人类社会从信息社会进入网络社会

德的，但站在企业的立场上，这又是无可奈何的事情。亚马逊为实现仓储作业的无人化，也投入了大量资金。

另一方面，日本居家办公的自由职业者正在大幅增加。网络社会就是这样，初创企业层出不穷。

独角兽企业排名

表1是独角兽企业的世界排名。独角兽企业指暂未上市，但估值超过10亿美元的公司。其中，美国拥有651家，位居世界第一；中国拥有172家，位居世界第二。

表1 独角兽企业排名（截至2022年10月）

美国和中国包揽独角兽企业排名前二，
印度和英国分别得益于"IT人才与撤销限制"跻身上位圈

名次	国家·地区	企业数量	名次	国家·地区	企业数量
1	美国	651	11	新加坡	14
2	中国	172	12	墨西哥	8
3	印度	70	12	澳大利亚	8
4	英国	49	14	印度尼西亚	7
5	德国	29	14	瑞典	7
6	法国	25	14	荷兰	7
7	以色列	23	14	中国香港	7
8	加拿大	20	18	爱尔兰	6
9	巴西	16	18	瑞士	6
10	韩国	15	18	日本	6

资料来源：CBInsights

第三是印度，我想大家可能会很意外。这是一个新现象。英国则位居第四，虽然它是"没落的大国"，但依然排进了前四。

日本怎么样呢？虽然它在1989年成了世界第二大工业强国，但如今只与爱尔兰、瑞士并列第十八名。为什么会这样？因为日本在第四次浪潮的开始阶段就处于停滞的状态。

为什么印度会排在第三呢？我想印度应该感谢美国前总统唐纳德·特朗普，因为特朗普政府计划取消发放H-1B签证。H-1B签证是发给前往美国务工的IT工程师和技术人员的工作签证。印度IT巨头印孚瑟斯公司（Infosys）的第二任董事长南丹·尼勒卡尼（Nandan Nilekani）曾告诉我，由于签证的原因，仅该公司就有2.5万名印度籍员工要从美国返回印度，而整个美国需要返回的印度籍员工则有10万名以上，这个数字非常庞大。此外，还有25名印度理工学院（IIT）的毕业生甚至无法前往美国。

这样做有什么影响呢？由于无法前往美国就业，那些年薪高达1500万日元的印度IT工程师，就会留在印度创业。于是，印度在很短时间内便出现70家独角兽企业。这种事情在日本绝不可能发生，因为日本没有本事过硬的IT技术人员，这种技术工程师无论在世界的哪个角落创业都会成功，所以美国的风险投资公司——标杆资本（Benchmark Capital）、红杉资本（Sequoia Capital）等企业都在印度投资。这就是印度排名第三的原因。

2016年，英国时任首相戴维·卡梅伦举行了脱欧公投。英国的问题在于四大银行的垄断。卡梅伦为打破现状，出台了一系列银行改革措施，要求银行开发手机程序，于是诞生了大量金融科技企业，如Monzo银行、Transfer Wise国际汇款转账平台（现为Wise）等。金丝雀码头成为伦敦的新金融中心，涌现出许多新兴企业。

日本无法打破成规，也没有印度的高水平工程师，更没有从美国回国的技术人才，最后只能现学现卖，就地创业。员工没有干劲，企业也没有竞争力。因此，第四次浪潮来临之际，日本几乎没有相应的人才可以使用。这就是日本的问题。

规则与法制对商业的伤害

直至今日，日本还没有进入第四次浪潮。我来举个例子。日本的《建筑基准法》要求在建设设施前提交设计图给政府审查。据我所知，其他国家提交设计图，都是使用计算机辅助设计（CAD）后，将图输入数据库，几分钟内就知道设计是否合法合规。

之前，我有一个北海道的朋友带着设计图数据前往市政府审查，政府的人却让他提交纸质版。受2005年公寓抗震结构计算书造假事件[1]的影响，日本的建筑设计图需交由第三方检查，因此整个审查过程花费了足足45天，而这在新加坡只需要几分钟。明明使用

---

1 公寓抗震结构计算书造假事件，是2005年末发生的一起日本建筑企业造假案件。案件所涉及的姐齿建筑设计事务所及负责人姐齿秀次被指控在承建建筑物时，伪造了抗震结构计算书及建筑确认申请，另外还伪造了抗震结构计算书的审查通过证明，导致新建的公寓大楼和宾馆等建筑达不到《日本建筑基准法》所规定的抗震强度。

计算机辅助设计和计算机辅助制造（CAM）就可以完成的事情，在日本却无法做到。令人讽刺的是，新加坡的这套审查系统还是日本企业开发的。

还有其他原因（表2）。比如无法进行生物识别的个人编号[1]系统，由于系统老旧，国家为了吸引更多人办卡，就通过积分发放补贴。其实如果开发新的系统，利用生物识别技术强化安全且使用方便的话，即使不用补贴，也会有很多人办卡。世界上很多正在数字化的国家都这么做。

医疗和间接业务也是一样，还有劳动保护、裁员规定、出租车、物流、无人机等，规则的界限并不清晰。

总之，目前日本存在太多规则，严重阻碍了第四次浪潮的发展。

第四次浪潮的工作前景

日本要进入第四次浪潮，需要学习中国，创造环境保证新的业务不受限制。印度目前没有限制，所以发展得也很好，不过未来可能会有限制。

迎接第四次浪潮需要全面进入网络社会（图12），这很重要。但日本还做不到，因为它正用大量的法律规则保护老旧的工业社会。

---

[1] 个人编号（My Number），日本基于《为识别行政手续特定个人编号利用等相关法律》所发行的一种身份证，票面记载有姓名、住址、出生日期、性别、个人编号和本人证件照等信息。

表2 规则与法制对日本商业的伤害

涉及领域	伤害事例
建筑	●全日本建筑领域内只有一部适用法律。各类申请尚未实现电子化。 ●新加坡正在实现电子化。使用CAD申请后，几分钟内便发放许可。该系统由东芝公司（TOSHIBA）开发。
生物识别	●个人编号制度采用密码的方式，可以在便利店更改密码。印度的人脸识别技术由日本电气（NEC）开发。
医疗	●日本医师会反对远程医疗、AI问诊。 ●限制网络售卖医疗用品。
间接业务、经费结算	●许多细致要求无法在国外实现，如必须要盖章、粘贴纳税证明的票据等。
劳动力保护·解雇规定	●《劳动基准法》《劳动契约法》等法律明确规定各种解雇限制。 ●低生产率企业以稳岗的名义维持运转，导致出现僵尸企业。
出租车·物流	●货运、司机服务等限制。
无人机	●航空法、道路交通法等法规的限制。

资料来源：BBT大学综合研究所

就业人口

农业社会　工业社会　信息社会　网络社会

奇点*
2035年~2045年

人工智能化
机器人化

狩猎社会

18世纪后半叶　20世纪后半叶　21世纪初期
工业革命　　　信息革命　　　人工智能及智能手机革命

时间

*未来学家雷·库兹韦尔于2005年提出的概念，指机器人的智能超越人类智能的时间点，人类生活因此发生巨变。

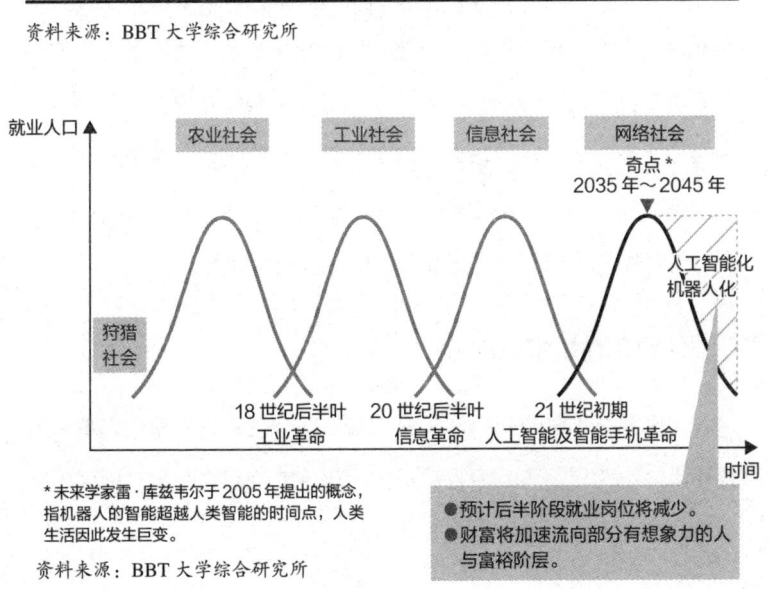

●预计后半阶段就业岗位将减少。
●财富将加速流向部分有想象力的人与富裕阶层。

资料来源：BBT大学综合研究所

图12 网络社会时间点

我们来看一下企业的工作岗位情况。雅虎正在对全体（约8000名）员工进行再教育，将他们培训为AI技术人员；索尼则对40000名员工开展人工智能的素养培训。企业应该朝着这个方向做出调整。

大家知道"奇点"的概念吗？据说20年后会出现"奇点"，虽然并不确定。"奇点"是未来学家雷·库兹韦尔（Ray Kurzweil）在2005年提出的概念。随着计算机技术的日新月异，不用睡眠、持续工作的计算机及人工智能总有一天会超过需要睡眠的人类智能，这一时刻就称为"奇点"。

在第四次浪潮的后半阶段，优步司机会随着自动驾驶技术的成熟而消失，而虚拟货币"挖矿"成功的人会占有巨额财富。如何向垄断财富的人征税，保证全球范围的公平呢？又如何向不工作的人或必要工作人员（Essential Worker）[1]分配财富呢？现在，我们需要为第四次浪潮的后半阶段做好准备，解决这些问题。这也是最重要的政治工作。不过遗憾的是，日本的政治家和公务员认为自己只需要维持好第二次浪潮，即工业社会的岗位现状即可。

未来会消失的职业

未来我们不需要司机和配送人员。随着仓库的自动化也不需要操作员。因为不用考驾照，也不需要驾校教练和驾驶员。因为不会出现超速驾驶，因此也不需要交警。

---

[1] 必要工作人员（Essential Worker），指维持社会正常运转必须要工作的人，如医生、警察、公交车司机、政府工作人员等。

我75岁以后每次换领驾照都要接受"认知功能检查",这项检查未来也不再需要,因为有了自动驾驶。我很想早点看到L5级自动驾驶,虽然有生之年不一定看得到。自动驾驶技术会让汽车共享普及,估计届时汽车销售、汽车维修工及汽车保险推销员都会退出市场(表3)。

表3　未来会消失的职业与专业岗位

- ✗ L5级自动驾驶技术发展,不需要司机和配送员。
- ✗ 仓库自动化发展,不需要操作员。
- ✗ 不需要考取驾照,所以也不需要驾校教练和驾驶员。
- ✗ 不会出现超速驾驶,不需要交警。
- ✗ 不需要汽车销售人员和汽车维修人员。
- ✗ 随着自动驾驶和汽车共享的普及,大部分汽车保险推销员都将退出市场。

- ● 第四次浪潮(网络社会)的后半阶段,自动化机器人可以代替的工作和人工智能可以代替的专业岗位都将消失。
- ● 在第三次浪潮(信息社会)中,个人以成为一名专家为目标,但第四次浪潮(网络社会)不需要专家。

不需要太多教师
各科目有一名教师即可。

不需要律师
美国和加拿大已经实现裁判策略人工智能化。
在日本,具有合法效力的新兴企业正在快速发展。这类公司在法律业务上利用人工智能协助合同评审工作。

不需要税务师、会计师
电子政务发展,将不需要税务师和会计师。

扩大人工智能在医疗中的应用领域
中国平安保险的平安好医生(手机应用程序)。
美国军医通过人工智能进行远程诊断,且部分治疗由人工智能进行指导。
部分手术由手术辅助机器人"达·芬奇"操刀,不过,无法与名医相媲美。

资料来源:BBT大学综合研究所

不止如此，未来也不需要太多教师。特别是日本，那些必须按照文部省的教学大纲教学的地方，只需要一名教师就行。比如日本的网红补习老师，学生可以关注他们，看他们的视频学习。其他的老师不用教学，只要帮助学生补充知识点、指导升学就业和开展心理咨询。传授知识只需要一名教师就行。

我知道日本大学的经济学系还在研读保罗·A. 萨缪尔森（Paul A. Samuelson）的原著。如果他能来大学，就不需要其他老师站在讲台上了。虽然萨缪尔森已经去世，不过只要有人能用易懂的方式解读他的原著，并将课程录成视频播给学生看就行了。因此不需要太多教师。

可以不需要律师。律师要参加国家考试才能拿到从业资格，而且考试难度很大。考试意味着要有答案，这些答案，只要有人工智能，谁都可以得到。

在美国和加拿大，年轻的律师更容易赢得官司的胜利。因为他们会用人工智能解决案件，让人工智能给出最佳方案：用怎样的论据辩护，以及对手质疑时如何反驳。因此，凭借经验和直觉辩护的资深律师往往赢不了使用人工智能的年轻律师。他们就像日本的天才将棋选手藤井聪太一样，利用人工智能崭露头角。

也不需要会计师和税务师。我们向研会去爱沙尼亚研修时，曾通过国立电子银行观察过该国国民一年的资金流动记录。他们的系统年末会自动扣税，不需要税务师和会计师。向研会的成员里有一名会计师，他好奇地问道："这样的话，我们从事的职业怎么办呢？"对方回答："不需要这些职业了，不过您这么聪明，可以选择其他职业。"

医疗领域也是如此，未来人们将利用人工智能进行诊断和治疗，美国目前正在推行。实际上，美军40年前就开始尝试将前线野战医院的伤兵诊断数据发往大医院，如果发现附近无法治疗，就用直升机将有治疗能力的医生运往前线。未来社会将会出现手术机器人参与治疗的情况，比如达·芬奇手术机器人。不过，我总觉得机器人无法与娴熟的外科名医相比，因此未来的名医身价将会水涨船高，只不过日本的医疗薪酬差别不大，刺激名医出现的因素比较少罢了。

总之，传统的职业正在以惊人的速度消失。

网络社会需要什么样的人才？

那么，什么样的人才才能适应网络社会呢？工业社会通过应试教育培养人才，先习得知识的人教育后面的学习者。这些先习得知识的人称为"教师"，社会以此方式培养大批质量稳定的人才。30年前全球市值排名前10的企业里，日企有7家，可如今一家也没有，中国大陆和中国台湾地区的企业则榜上有名。排名日本第1的企业——丰田汽车（TOYOTA）只排第40名（图13）。

首先，网络社会是"思考教育"，问题的答案不是向别人请教获取，而是自己思考寻找。因此，网络社会需要的不是教师，而是引导者。

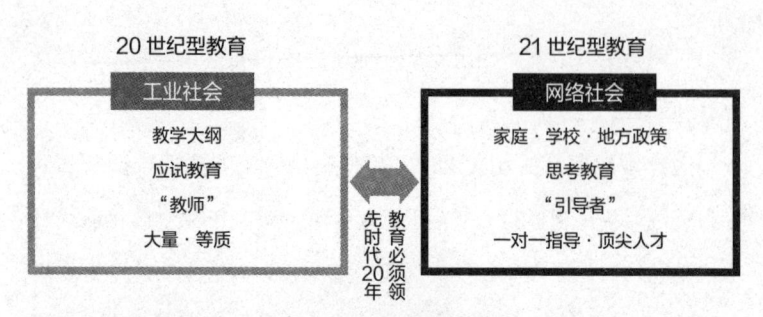

```
     20世纪型教育                    21世纪型教育
   ┌──工业社会──┐              ┌──网络社会──┐
   │  教学大纲   │              │ 家庭·学校·地方政策 │
   │  应试教育   │   ←先时代20年→  │   思考教育    │
   │  "教师"    │   教育必须领    │   "引导者"   │
   │  大量·等质  │              │ 一对一指导·顶尖人才 │
   └───────────┘              └───────────┘
```

(a)两种教育模式对比

1989年

名次	企业名称	市值(十亿美元)
1	日本电报电话公司	163
2	日本兴业银行	71
3	住友银行	69
4	富士银行	67
5	第一劝业银行	66
6	国际商业机器公司	64
7	三菱银行	59
8	埃克森美孚公司	54
9	东京电力公司	54
10	荷兰皇家壳牌石油公司	54
11	丰田汽车公司	49
12	美国通用电气公司	49
13	三和银行	49
14	野村证券公司	44
15	新日本制铁公司	41

2022年

名次	企业名称	市值(十亿美元)
1	沙特阿拉伯国家石油公司	2274
2	苹果公司	2248
3	微软公司	1941
4	字母表公司	1433
5	亚马逊公司	1114
6	特斯拉公司	706
7	伯克希尔·哈撒韦公司	611
8	美国联合健康集团	485
9	美国强生公司	472
10	腾讯公司	435
11	元公司	433
12	VISA公司	421
13	台湾积体电路制造公司	399
14	贵州茅台酒公司	380
15	埃克森美孚公司	368
40	丰田汽车公司	214

资料来源:日本交易所集团、companiesmarketcap.com

(b)全球市值排名前10企业

图13 两种教育模式

其次，网络社会通过一对一的方式培养"顶尖人才"。只有这种方式才能培养出顶尖人才，但今天日本文部省的做法大相径庭，他们将根据教学大纲教学的学校认证为"第一条校[1]"，规定学生在这里上学可减免学费。

最后，未来的人才需要从事"只有人类才能做的工作"，并具有想象力。如杰夫·贝索斯（Jeff Bezos）、埃隆·马斯克、马克·扎克伯格（Mark Zuckerberg）、杰克·多西（Jack Dorsey）等，他们每个人都创立了好几家公司。

埃隆·马斯克参与创办了在线支付平台贝宝（PayPal），创办了特斯拉（TESLA）和太空探索技术公司（SpaceX）。美国航空航天局（NASA）目前也依靠SpaceX进行宇宙开发。此外，他还创办了神经连接公司（Neuralink）、超级高铁（Hyperloop）等，是一名典型的"连续创业者"，即一人连续多次创业。这些领域尚属空白，因此只有能够产生奇思妙想的人才能连续不断地创业。

杰克·多西创立了推特（Twitter），不过他已卸任了CEO，现在负责贸易与支付处理服务公司（Block）的业务（其前身为Square）。

说说人工智能的优缺点。我们知道，计算机拥有压倒性优势的记忆力，但其不具备"从0到1"的想象力，也无法胜任护理等需要

---

[1] 第一条校，日本《学校教育法》第一条所规定的学校，包括幼儿园、小学、初中、高中、中等教育学校、特别支援学校、大学以及高等专门学校八种。

细致服务的工作。因此，人们能在网络社会找到的工作是"只有人类才能做的工作"，而能创造财富的能力则是"看见别人看不到的东西"，也就是想象力。我曾写过有关想象力的书，读者可以参考。另外，还有一个领域可以找到工作。

它存在于学校教学大纲以外的世界，而且是日本的长项。

我也多次说过，它是体育、艺术、游戏、漫画和动画的领域。

当然，还有日本料理。

你可能不知道，东京的米其林餐厅数量已是巴黎的两倍，位居世界第一。我觉得法国人可能不甘心却又无可奈何，因为京都的该项数据位居世界第二，其后是大阪、中国香港和纽约。

不算米其林餐厅，日本的创意菜也是不计其数。比如大家熟知的寿司、天妇罗、拉面、炸猪排等。

这是文部省教学大纲之外的世界。相对于教学大纲，"从0到1"的想象力才是最重要的，这也是计算机做不到的。计算机擅长标准化作业，但面对其他作业则是外行。因此，在想象力的领域可以积累大量财富。

奇点后依然存在的工作

还有一些人工智能无法取代的工作，比如病患护理、日常生活护理、分娩和育儿、咨询等（图14）。

由于过度少子化，在日本前往妇产科生产的人越来越少，以至于很多地方，孕妇感觉阵痛后必须驾车2至3小时才能到达医院。

人工智能无法取代的工作，可能具有比现在更高的附加价值

护理
分娩·育儿援助

人工智能和机器人提供的支持有限，因此如果能够提高人类服务的体贴性，就可以发掘潜在需求。

最近出现了专门提供分娩服务的豪华度假酒店等机构
- 一晚约10万日元，包三餐。
- 在远眺秀丽山海的豪华私人房间，于分娩前后，享受最体贴入微的医疗护理服务。

例：MomGarden叶山（横须贺市）
产后护理中心"MomGarden 叶山"
豪华套房：一晚12万1000日元

资料来源：MomGarden

奇点后依然存在的工作

发挥想象力的工作
- 经营者、创业者
- 运动员
- 音乐家
- 厨师
- 动画师、游戏创作者
- 研究人员等

人工智能不擅长的工作
- 护士、护理师
- 分娩、育儿援助人员
- 社会福利工作者
- 心理咨询师
- 神职人员等

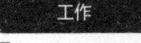

- 即使奇点来临，只要拥有想象力就不用担心失去工作。
- 即使没有想象力，只要掌握该领域的技能，就能生存下去，因为人工智能也有很多做不了的工作。

图14 人工智能无法取代的工作和奇点后依然存在的工作

也有孕妇在娘家分娩，并暂住娘家。不过由于新冠疫情的影响，这种模式也不提倡。最近出现了新的模式。日本神奈川县横须贺市的产后护理中心"MomGarden叶山"刚刚竣工，孕妇入住一晚费用不低于4万日元，入住最大的房间一晚不低于10万日元，虽然价格昂贵，但市场表现很好。孕妇可以分娩前入住，也可分娩后入住，享受极致周到的护理服务。

这样看来，计算机做不到的事情比预想中还要多。

049

我认为奇点后依然存在的工作会两极分化。

一方面是需要发挥想象力的工作，如"经营者""创业者""运动员""音乐家""厨师""动画师""游戏创作者"等。

另一方面是人工智能不擅长的工作，如"护士、护理师""分娩、育儿援助人员""社会福利工作者""心理咨询师""神职人员"等。

所以，即使奇点来临，我们只要拥有想象力就不用担心失去工作。如果没有想象力，也可以从事人工智能做不到的工作，岗位也不少。

问题在于日本的家长、学校和老师并没有意识到这一点。他们竭尽全力传授的知识，20年以后可能没什么用处。

现在读高中的孩子，20年以后是35岁～40岁，正好是在社会上大展身手的年纪。日本的高中在高二时会文理分科，选文科的学生比选理科的要多两倍，这会让日本越来越滞后于网络社会的步伐。

新加坡、以色列等地的学生基本都选择理科。学校还在此基础上增设艺术、人文科学等学科，教育模式改为"STEAM"——"科学"（Science）、"科技"（Technology）、"工程"（Engineering）、"艺术"（Art）和"数学"（Mathematics）。印度遍地都是工程师。这些国家和地区无论现在还是未来都会十分强大。日本与它们的差距显而易见。

偏差值教育是万恶之源

1972年，联合赤军制造的浅间山庄事件[1]是造成偏差值教育升级的导火索。该事件发生后，为了防止再次出现对抗国家的人，日本政府采取了偏差值教育，以此衡量学生的智能与学力。在偏差值教育中，人的能力由偏差值确定，大学也由偏差值决定。

如果有人认为"高中时成绩优秀的人从政不会有问题"，那真是天大的误会。考试时的偏差值高，只意味着那个人在考试时拥有工业社会需要的知识——一些落后于时代的知识而已。他们看不到现代社会的问题，却自认为是可塑之才，不反省，也不学习新知识。这群人却成了日本的政治家和官僚。

所以我说偏差值影响日本社会，阻碍年轻人的雄心。因为一些年轻人认定"自己的偏差值低"就"躺平"了，所以偏差值会阻碍个人发展。考试的偏差值，不过是一时的考试结果而已。如果未来坚持努力，用积极向上的态度思考问题，人生不愁没有机会。可日本最大的问题就是人们无法忽略偏差值，也无法充满雄心地去奋斗（表4）。

不过社会没有那么简单。即使考进东大医学部，包括实习时间

---

[1] 浅间山庄事件，1972年2月19日—28日，联合赤军在长野县轻井泽町河合乐器制造公司的保养所"浅间山庄"制造的绑架事件。事件中，5名联合赤军成员挟持浅间山庄管理人的妻子作人质达10天。2月28日，警察攻入浅间山庄内拯救人质，5名赤军被捕，人质全数获释。

表 4　过度注重学历与偏差值教育的弊端及对策

受 20 年后奇点来临所迫，现在应该对过度注重学历和偏差值教育的弊端进行讨论并提出对策

- 2022年1月15日，东京大学赤门发生持刀伤人事件。3名参加大学入学共通考试的考生被刺伤。
- 被捕嫌疑人是名古屋市的高中2年级学生，该生志愿是东京大学医学部，他在学校面谈时被告知"东大无望"，继而策划犯罪。

偏差值存在的问题

偏差值和共通考试都使日本逐渐僵化	● 以1972发生的浅间山庄事件为契机，学力偏差值得以普及。 ● 普及偏差值的目的在于，如果全国范围内普及偏差值，就不会产生"我很优秀"的错觉，也就不会有学生反抗政府。 ● 偏差值考查的是记忆力，在智能手机时代将失去价值。 ● 有必要讨论学生应该树立何种目标、打磨何种能力。

医生存在的问题

考虑到将来会普及人工智能，所以目标学部也已经过时，没必要陷入"东京大学医学部是唯一选择"的想法	● 很多人都搞错了，医学部现在并不具备吸引力。 ● 至于在职医生的平均年薪，在医院工作约为1500万日元，在诊所工作约为1000万日元。工作强度大，要上夜班，薪资却不高。 ● 如果人工智能的自动诊断得以普及，医生的价值和作用都将发生变化。

过度注重偏差值的对策

大学通过"大学入学共通考试"选拔	
过度注重偏差值的对策	● 立即取消大学入学共通考试。 ● 每所大学都要明确规定学校要求，表示"本校需要这样的学生"，根据公布的要求，独立制定入学考试的方式和入学试题。 ● 考生不依据偏差值判断自己要申请的学校，而是根据每所大学的要求和入学考试的方式决定自己的志愿。
BBT 大学的案例	● BBT大学的入学考试与共通考试不同，没有考察知识和记忆力的试题，只有论文和面试两部分。 ● BBT大学追求的经营者，是能够在听取公司内外所有人的意见后做出准确决策的人，并非拥有丰富知识和出色记忆力的人。
日本的大学的前进方向	● 日本的大学也必须摆脱"东京大学偏差值第一，京都大学偏差值第二"的想法。 ● 目标是，通过明确所需要的学生应该具备的条件，成为一所具有特色的大学，如"斯坦福大学是创业的代名词，印度理工学院则是工程师的代名词"。

在内，在学校要花费10年，毕业后如果在医院上班，不仅工资低而且还有夜班。当然，如果能积累大医院的工作经验后自己开诊所就还好，不过开一家诊所最少也要2亿日元，等你存到这笔钱时就已年过半百，最终还是得不偿失。

很多人认为"成为医生就能赚钱""医生比头部企业工作赚得更多"，这是很大的误解。如果想赚钱，创业反而机会更大，但前提是要改变固有思维，不能只追求偏差值和大学排名。

美国的斯坦福大学有很多学生创业，这已成为学校特色，聚集了许多优秀学生。我曾在斯坦福大学教过两年书，教室的大门常年打开，学生进教室后会坐在我面前，畅谈自己的创业想法。他们会邀请老师参股自己的初创项目，如果项目充满前景，教授也会参股投资。斯坦福大学的老师，与其说在上课，不如说是听取学生展示想法的小型投资者。

印度理工学院拥有众多才华横溢的工程师。我曾担任美国麻省理工学院的外部董事5年，如果保证该大学的入学考试绝对公平的话，考取的学生都会是印度人，因为印度人的理科和数学特别厉害。莫斯科大学也是如此，如果保证绝对公平，考取的学生都会是犹太人的后代，因为犹太人特别重视子女教育。所以，世界上没有绝对公平的大学。

日本为保证公平，会举行高考，称为"大学入学共通考试"（其前身为"共通一次考试"或"中心考试"）。人们认为，进行"共通考试"就可以实现公平，但从全球来看，这个想法并不正

053

确。大学会公开自己需求人才的条件，并让满足条件的学生入学。我在BBT大学担任校长，这所大学没有共通考试，而是通过面试录取学生。学校要求学生提供相关的论文，并安排两名以上的教授担任面试官，与学生讨论论文的内容，最终确定是否录取。

日本应该做出的选择

综上所述，我认为日本政府应该废除工业社会的规章秩序，实行21世纪的教育模式。而日本政府也只能这么做（图15）。

21世纪的贫富差距愈加明显，能踏进第四次浪潮的人将垄断所有财富（图16）。顺"浪潮"者昌——这同样适用于第二次浪潮的工业社会和第三次浪潮的信息社会。微软等企业就是第三次浪潮的典型代表。

第四次浪潮会更极端。因为在网络社会，拥有想象力并占有巨额财富的人不多。政府要在全球范围对这群人征税，让他们无法逃税，再将巨额税款分配给必要工作人员。必要工作人员支撑着整个社会的发展，他们默默无闻、脚踏实地。这项工作是政府义不容辞的责任。

在网络社会，"有想象力的人"和"缺乏想象力的人"的比例大约是1∶39。如果开一家有想象力的餐厅，提供区别于其他餐厅的服务，就会有很多客人上门。这种例子屡见不鲜。所以在网络社会，即使劳动力大量过剩，也依然存在很多工作岗位，比如护士、护理师、咨询师、艺术家和寿司店老板。

图15 日本政府改革方向提案

只有废除工业社会的规则并实行教育改革，日本才能过渡到网络社会

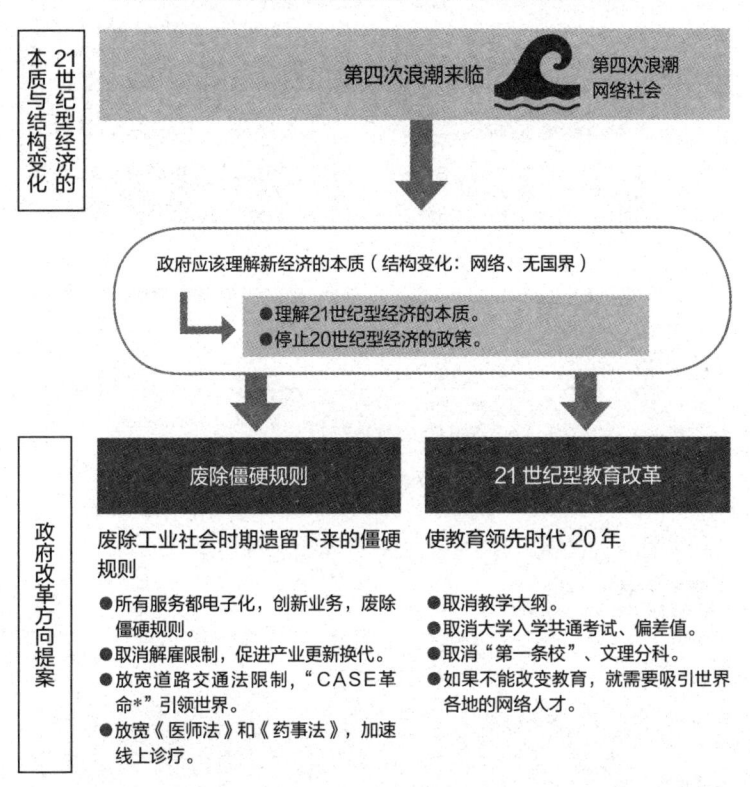

21世纪型经济的本质与结构变化

第四次浪潮来临 → 第四次浪潮 网络社会

政府改革方向提案

政府应该理解新经济的本质（结构变化：网络、无国界）
- 理解21世纪型经济的本质。
- 停止20世纪型经济的政策。

废除僵硬规则

废除工业社会时期遗留下来的僵硬规则

- 所有服务都电子化，创新业务，废除僵硬规则。
- 取消解雇限制，促进产业更新换代。
- 放宽道路交通法限制，"CASE革命*"引领世界。
- 放宽《医师法》和《药事法》，加速线上诊疗。

21世纪型教育改革

使教育领先时代20年

- 取消教学大纲。
- 取消大学入学共通考试、偏差值。
- 取消"第一条校"、文理分科。
- 如果不能改变教育，就需要吸引世界各地的网络人才。

* CASE，指网联化（Connected）、智能化（Autonomous）、共享化（Shared & Service）和电动化（Electric）；"CASE革命"就是要推进汽车的数字化、电动化，将汽车作为物联网的终端，将汽车产业由制造业变革为出行产业。

图15 日本政府改革方向提案

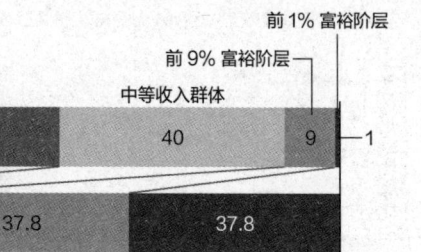

	低收入群体	中等收入群体	前9% 富裕阶层	前1% 富裕阶层
人口比例	50	40	9	1
财富比例	2.0　22.4	37.8	37.8	(%)

后50%的贫困人群持有的财富比例

前10%的富裕阶层持有75.6%的财富
前1%的富裕阶层持有的财富比例

附：网络社会后半阶段就业与社会体系的稳定

在网络社会中，具有想象力的人才很少。就业该何去何从？

① 网络社会的少数得利者应多缴税

参考美国的"GAFAM"，将征税作为一种正式制度，而非向富人征税。

- 向富裕阶层征收资产税。
- 向高利润公司征收增值税等。

⬇

② 将税收投资于附加值不高，但能维持就业和社会体系的领域，并回馈弱势群体

- 40个人中有1个人战胜人工智能就已经足够。
- 剩下的39人靠战胜人工智能的天才缴纳的税金生活，日常作为必要工作人员，从事护理、照顾残障人士等工作，承担社会责任。

资料来源：BBT大学综合研究所根据世界不平等实验室《2022年世界不平等报告》和其他资料

图16　全球最富裕阶层持有资产的比例

因此，不用为新浪潮的来临而惊慌。我们已经身处新浪潮的中心，这才是问题。

我认为，日本应该进一步加强自己擅长的领域，比如动画，让从事动画的人过上好的生活，并将此作为一种社会制度，这才是走向21世纪网络社会和奇点的唯一路径。

已跨过前几次浪潮，并吸收上次浪潮的过剩人才迈向未来——第四次浪潮。这次浪潮刚刚开始，我相信你们可以跨越奇点。

（节选重编自2022年2月向研会的研讨会内容）

以上是"第四次浪潮"的主题报告。

下面，我会以过去的连载报道为基础，聚焦更具体的主题和观点展开论述。其中部分资料和数据与研讨会的内容有所重复，望各位读者谅解。

验证1
"最低时薪3900日元!"全球招聘正在剧变

亚马逊的基本工资上限降为5000万日元

美国的劳动力市场正在经历一场不同寻常的变革。在亚马逊的物流仓库、星巴克和苹果的商店里,成立新工会的运动日益高涨。

加薪运动也在发酵。2021年9月,亚马逊上调物流部门的最低平均时薪,超过18美元(约2300日元),但工会要求上调至30美元(约3900日元)。2021年10月,星巴克也发布了加薪的消息,工龄两年以上者上调5%,五年以上者上调10%,员工的平均时薪约为17美元(约2200日元)。据报道,要求成立苹果工会的团体,希望最低时薪达到30美元(约3900日元)。时薪3900日元,一天工作8小时,一个月工作20天,每月收入将达到62.4万日元。这在日本是部长级别的薪资水平。

高物价与劳动力短缺加速了上述现象的发生。随着新冠疫情影响的逐渐消失、经济复苏和俄乌冲突影响,美国的消费者物价指数(CPI)在1年内超过7%,处于40年来的高位。另一方面,美国的失业率达到3.5%,就业率接近3%。在劳动力市场,优秀人才的争夺战愈演愈烈。亚马逊上调员工基本工资的上限,年薪由16万美元

（约2080万日元）上涨至35万美元（约4550万日元）。

这场大变革，不仅受就业环境的影响，其结构变化与我提出的第四次浪潮有密切关联。

美国未来学家阿尔文·托夫勒曾于1980年在畅销书《第三次浪潮》中提示过。

托夫勒认为，第一次浪潮发生农业革命后，人类社会进入农业社会；第二次浪潮完成工业革命后，进入工业社会；接下来的第三次浪潮，完成信息革命后，会进入网络社会。一切如他所言。

我们看一下这三次浪潮的就业情况如何。在三次浪潮的前半阶段都出现过大量的工作岗位，但是后半阶段会出现裁员。第四次浪潮也一样，其前半阶段的开端就是现在，有大量的新工作岗位，到后半阶段这些岗位将面临淘汰。

提供网约车服务的优步、派送餐点的优食就是典型的例子。目前，优步司机和优食送餐员的数量正在不断增加，不过一旦实现L5级的自动驾驶，即完全自动驾驶，那么就不再需要司机和送餐员了。因此优步没有聘用他们为正式员工，即使他们时薪很高，也只是合同工。

亚马逊的电商物流仓库也一样。如果自动化水平进一步提升，会大幅削减分拣员和打包员的数量。而进入自动驾驶时代，就不再需要物流司机，即使现在严重短缺。

2022年，日本全国的最低平均时薪只有961日元。由于国际上加薪声不断，因此日本的薪资水平未来应该会慢慢上涨。

不过，即使日本的时薪上涨到美国的水平，也不能沾沾自喜。时代在进步，第四次浪潮进入后半阶段以后，前半阶段的大部分岗位会被机器人和人工智能取代，不复存在。

"包装"失去价值

运营电子商务的优步和亚马逊，与经营实体经济的餐饮业和零售业完全不同。

截至2022年6月，星巴克的经典款拿铁售价在415日元～545日元之间，而便利店和快餐店的廉价咖啡，最低只要100日元。为了维持高品质，顾客每下一单，星巴克的咖啡师就现做一单，不过，由于它的口感与便利店的廉价咖啡相差不大，即使节省成本，使用机器人复制出同样的味道，也无法维持现有的高价。在机器人参与的情况下，其价格将无限接近100日元。

为维持手冲咖啡的附加价值，星巴克需要不断提高员工的时薪，但这样无异于自掘坟墓。因为全球餐饮行业的薪资水平已经达到极限，永远不可能低于没有实体店的网络企业。

零售业也是如此，销售利润率极低。根据2021年日本经济产业省发布的2020年企业活动基础调查结果，零售企业的平均销售利润率仅为3.1%。它们没有能力上调员工的薪资，未来只能依靠无人化和机器化。

以前，知名百货商店的包装纸和包装袋可以算是企业附加价值的一部分。不过，现在不一样了。以年轻女性为主的客户群体，只看自己购买的商品在2年～3年后能否通过网络二手交易平台煤炉（Mercari）卖出去。所以，不管是百货商店的营业额，还是员工的薪资，恐怕都不会上涨。

未来劳动力的需求结构也会发生变化。"GAFAM"，即谷歌（Google）、苹果（Apple）、脸书（Facebook）、亚马逊（Amazon）、微软（Microsoft）5家IT巨头，其大部分职员都不是正式员工，而是高薪聘请的合同工。这种现象是因为目前处在第四次浪潮的前半阶段，进入后半阶段以后，大部分工作岗位都会消失。

以银行为例，其曾是最受欢迎的就业单位。由于第三次浪潮的影响，原有的工作岗位消失，银行不得不选择裁员。这种裁员现象在第四次浪潮中会更明显，那么企业如何在上述变化中生存下来呢？

我认为，20世纪是利用"包装"选择工作和公司的时代，但21世纪是与"包装"无关的时代。21世纪不是追求大企业或公务员等稳定工作的时代，而是自己创造工作、开创事业的时代，是内容的时代。在这个需要内容的时代，很多工作只需一台智能手机就能提供附加价值。为了不被第四次浪潮吞没，我们必须要掌握驾浪而行的技术，磨炼内在的本领。

061

验证2
第四次浪潮与第三次浪潮的区别

日本无法提升生产率的原因

托夫勒的第三次浪潮与现在的第四次浪潮有何区别呢?

第三次浪潮由信息革命引发,由工业社会向信息社会转型。而第四次浪潮则由信息社会向更先进的网络社会转型。网络社会,也可以称为人工智能及智能手机社会,它与信息社会之间存在着巨大的差异。

第三次浪潮的前半阶段,由于计算机的出现,企业需要大量劳动力处理财务、总务、采购等间接业务,其中包括数据录入和呼叫中心业务,因此创造了大量的白领岗位。

第三次浪潮的后半阶段,营业支援、订单管理、库存管理等较为固定的间接业务领域出现了各类机器人流程自动化(RPA)工具。企业运用这些RPA工具实现数字化转型,将从事间接业务的白领人数从总人数的1/5减少到1/10。比如世界上最大的计算机网络设备开发商——思科系统(Cisco Systems),只需要几名员工就可以处理全球5万名员工的差旅费报销。此外,印度和中国等地的亚洲新兴企业一开始就在使用RPA工具,所以他们的间接业务效率极高。因此，欧美和部分亚洲企业的劳动生产率提升迅猛。

而日本尚未进入第三次浪潮的后半阶段。大部分日企并未充分利用RPA工具，所以劳动生产率一直很低。一般来说，出现人员过剩的时候，有两种选择：一是裁员，二是转去销售岗。不过由于日企是终身雇佣制，员工进入企业可以一直工作到退休，企业不能以非正当理由解雇员工。再加上从事财务、总务等间接业务的白领不愿转岗做销售，所以尽管有RPA工具，但日企不愿引进，或者引进了也不怎么使用，于是劳动生产率便无法提升。事实上，由于不兼容日语，风靡全球的RPA工具在日本并未得到充分使用。

一台手机驱动世界

欧美及亚洲的部分国家和地区，已经在向第四次浪潮过渡。我们知道，不同的国家和地区，信息社会的标准也不相同。不过，在人工智能及智能手机社会，主流操作系统暂只有安卓和iOS系统，事实上它们也只是一个系统。因为不管使用哪个系统，只要连上计算机网络，任何人在世界的任何角落都可以使用同样的服务。

换言之，人工智能及智能手机社会"没有国界"。工业社会是有国界的，比如将日本的商品销往欧美和亚洲其他地区的同时，也将部分生产线转移到了东南亚等地。这是所谓的"国别战略"，我作为一名企业管理顾问，大半生都在思考这个问题。

由于人工智能及智能手机社会没有国界，因此不需要国别战略。提供民宿中介服务的爱彼迎（Airbnb）和提供网约车服务的优步，瞬间就实现了全球化。也就是说，只要有一套出色的系统，一台手机就可以驱动世界。

智能手机还带有生物识别和位置信息功能，该功能比日本的个人编号卡、健康保险证明、驾照和护照更加安全，完全可以作为身份证明，更何况这些个人数据原本就已经输入智能手机里了。所以说，建立在智能手机基础上的第四次浪潮，与逐步波及各国的第三次浪潮根本不同。

在第四次浪潮中，出现了爱彼迎、优步、日本的出租车应用程序"GO"等新兴企业，无论你身处世界的何处都可以马上召开网络会议。托夫勒在《第三次浪潮》中指出，新的社会不受时间限制。而在第四次浪潮的人工智能及智能手机社会，不仅没有时间限制，也没有空间限制。

企业销售部可以考虑让"销售人员成为销售点"。销售人员住在自己负责的片区，不用每周花费大量时间在两个销售点间往返，客户黏性也会大大提升。各地的销售人员可由企业总部统一管理，因此也不需要再设销售点。这样，销售业务就不受空间限制，"销售人员成为销售点"的概念也会变为现实。

总之，在第四次浪潮中，依靠人工智能和智能手机的企业才会获胜，而能想出依靠方法的人才会开创新的事业。

值得关注的日本新兴企业

目前，一些颇具代表性的新兴企业正在不断涌现。

比如，一家名为"助太刀"的建筑行业互联网公司，通过手机的应用程序（也有面向企业客户的电脑端程序），为发单方与接单方牵线搭桥。发单方要寻找工人和建筑公司，而接单方要寻找工地和新的供应商。用户输入工种和居住地址等信息后，就能在程序中找到符合条件的工人、建筑公司、工地和新的供应商。双方交换简历和工地信息后，如果条件符合就可以委托或接受工作。

目前建筑工地的劳动力非常短缺，要找到建筑机械的驾驶员、消防员、钢筋工、泥瓦工、管道工等很不容易。因此，发单方会在程序上发布工地信息、薪资报酬和日程安排以招聘工人。接单方看到发布的信息后，如果符合条件可以承包该项工程，就通过程序应聘。

还有名古屋的新兴企业Unifa。这家公司利用人工智能、物联网及智能手机，向托儿所和幼儿园提供幼儿看护服务。他们开发的机器人可以感知孩子的午睡状态、检测孩子的体温变化等，从而减轻保育员和幼教人员的负担。

家长和幼儿园也可以通过手机软件监测孩子入园、迟到和缺席情况，掌握接送巴士的GPS定位信息。此外，看护机器人还能随机拍摄孩子的照片，并通过AI人脸识别对象后，向孩子父母及祖父母销售。一般来说，孩子的祖父母会支付所有的照片费用，所以父母和幼儿园负担不大。

Vanish Standard公司提供STAFF START服务，帮助服装行业的实体店员工实现数字化转型。店员可以写下商品评价发布到公司的EC网站和个人的社交媒体上，还可以通过手机程序在品牌的EC网站和社交媒体上提供在线客户服务。店员通过发布商品信息，实现电子交易的可视化，这也反映在他们的个人薪资和店铺的绩效评估里。

该公司的创始人兼总经理小野里宁晃表示，成为销售冠军的员工往往出现在地方的小城市，而非东京、大阪等大城市，他们的个人单月最高销售额甚至可以超过1亿日元。在线服务与时间和空间无关，不管身处何地，一天24小时、一年365天都可以提供服务。

曾经，"地理位置决定一切"是服装行业的共识，如今这个看法已经改变。因为聪明的店员通过网络向全国提供服务，所以不必身在大城市也能获得很高的销售额。这也体现出第四次浪潮的革命性。

总之，上述企业正利用第四次浪潮提高自己在所属领域和行业里的工作效率及劳动生产率。在人工智能及智能手机社会，数据越多创意就越多。所以，顺应第四次浪潮、趋势而为的公司将创造更多的新业务。

"国家"和"公司"的概念正在消失

在第四次浪潮中，日本大部分执照职业，如律师、会计师、税务师、司法书士[1]、行政书士[2]、中小企业诊断士[3]、社会保险劳务士[4]、宅地建物取引士[5]等都会被人工智能取代。

在加拿大，大部分律师的工作都被人工智能取代。只要你输入案件的详情，人工智能就会告诉你"案件的胜率是多少""合理索赔的金额是多少"，以及"在法庭上如何辩论"。因此，未来的律师不需要翻阅厚厚的法律书籍，但是需要学会使用人工智能。

日本《律师法》第72条规定，除律师外，其他人员禁止处理相关法律事务。如果更改此项条款，大部分日本律师都会失业，只能在网上开展法律咨询。

爱沙尼亚的信息技术十分发达，实现了纳税申报的自动化，因

---

1 司法书士，根据专业法律知识协助客户进行商业与房地产登记，以及制作诉讼相关文件的职业。
2 行政书士，日本特有的职业资格，接受客户委托，制作并代办向行政机构提交的各类文件。
3 中小企业诊断士，日本唯一与企业经营咨询有关的国家职业资格，接受企业委托后，对企业经营进行诊断，并提出改善方案。
4 社会保险劳务士，接受企业委托，制作并代办向行政机构提交的各种劳动保险与社会保险的文件，并向员工提供相关咨询与指导的职业。
5 宅地建物取引士，日本根据相关法律设立的国家职业资格，在建筑交易商（多为房地产公司）进行的住宅土地或建筑物交易中，履行法定职责，保护购买人权益，促进住宅用地及建筑物的顺利流通。

此会计师和税务师等职业已经消失。因为政府的云数据库记录着全体国民的银行交易流水和存款余额，所以可以自动计算应纳税所得额和纳税额。国民通过智能手机或电脑确认自己的纳税额，只需点击确认键就可以完成申报和纳税。日本的纳税申报也可以通过财务或会计应用程序进行电子化处理，不过目前使用的企业和个人并不多。

如果政府引进人工智能，建筑师的工作也将大量减少。新加坡的工程报建，只要向政府提交电子版的CAD设计图，人工智能确认后，几分钟就可以判断设计是否可行。如果没问题，第二天就能开工。

实际上，新加坡的报建系统是日本企业开发的。不过讽刺的是，在日本报建却要向政府提交纸质的设计图纸和文件。日本全国都实行《建筑基准法》，只有容积率和建筑面积率存在地方差异，因此是可以引进新加坡系统的。不过，引进系统后就不需要相关工作岗位了，因此政府才会装聋作哑。

医生诊疗也可以使用人工智能在线完成。为应对新冠疫情，日本政府也在内阁会议通过了促进线上诊疗的政策。而此前，"线下诊疗"一直阻碍着线上诊疗的发展。不过，日本的线上诊疗还不多，远远落后于中国。

目前只是第四次浪潮的开端

由于人工智能和配药机器人的出现，日本的药剂师工作也实现了自动化。只需输入处方信息，计算机就会选择药品，并由机器人称重、调配、分药和包药。药剂师不需要再使用托盘天平称重配药。不过，根据厚生劳动省的规定，日本的药房至少要安排1名或1名以上的药剂师处理院外处方的配药，大约每天40服。不过这些拥有药剂师资格的人并没有从事配药工作，而是将资格借给药店或药妆店。配药机器人加速了上述现象的出现。

至于教育，每个科目全国只要一名教师就够了。人工智能及智能手机社会不受时间和空间限制，因此无论何时、何地，谁都可以向世界上最优秀的教师学习。要学习米尔顿·弗里德曼（Miltion Friedman）的市场机制或者菲利普·科特勒（Philip Kotler）的市场营销学，只要在网上观看他们的讲解视频就可以了。只会照本宣科的"引进学者"都会失去价值。

话虽如此，但目前只是第四次浪潮的开端。奇点到来的后半阶段，连公司组织都不需要。只要有某个商品概念，人工智能就可以找到最好的制作和销售方案，甚至可以替代人类做市场营销。

"公司业绩""国力"等传统的思维方式会发生颠覆性的改变。甚至第四次浪潮中的企业形态都会改变。日本人A，会与未曾谋面的美国人B、菲律宾人C、爱尔兰人D、巴西人E、南非人F等一起合作，通过网络完成某个项目。这会成为一种普遍现象。

网络环境良好、限制宽松的国家，比如爱沙尼亚还有一种称为"电子公民"的制度。外国人只要满足一定的条件也能获取该国的电子身份证。这样即使身处日本也可以很容易地在爱沙尼亚成立公司，而企业可以通过网络招聘全世界最优秀的人才，在最合适的地点进行商品的开发、制作与销售，因此也不需要按国别统计贸易数据。

　　托夫勒的慧眼与远见让人十分钦佩，不过他在人工智能及智能手机社会来临前就已离世。与第三次浪潮不同，我们要经历的第四次浪潮是一个全新的世界，所有人都会实现网络化，能够理解把握其深刻内涵的人和企业将立于不败之地。

第2章

对未来的不安可以消除
"课题先进国"日本应展示的未来

日本率先进入少子老龄化与低欲望社会

日本被称为"课题先进国[1]"。其实,不仅是发达国家,许多国家都面临少子老龄化的问题,包括飞速发展的中国。

随着少子老龄化问题的加剧,低欲望社会也在进一步发展。日本是全球率先进入低欲望社会的国家。我在20年前就注意到,失去物欲与成功欲的日本人不断增加,特别是年轻人。史无前例的低欲望社会已经来临。在日本的大城市,有很多年轻人住在极其狭窄的公寓里,他们对物质与成功无欲无求。不过他们居住的

---

1 课题先进国,指面临各种前沿问题的国家,解决好这些问题就可以为其他国家提供参考。该概念于2011年11月由日本前首相野田佳彦在APEC首脑会议提出。作为课题先进国的日本面临环境、少子化、老龄化、地域过疏化、能源供给等各种问题,这也是其他国家即将面对的问题。

公寓并非"兔子窝[1]",而是仅有3叠[2]大小,外加一个迷你阁楼的超小房间。

低欲望,意思是不买房不买车,不结婚不生小孩,目标只是最低限度地活着。这群人又被称为"躺平族"。受此影响,我的《低欲望社会》[3]在中国也大受欢迎。当时中方找到我,希望我以此为主题演讲时,我还挺吃惊。不过这也足以证明日本是课题先进国。少子老龄化与低欲望社会导致日本经济低迷,如果能够解决这个问题,日本就能走在世界前列。

影响21世纪新经济结构变化的两大原因是"第四次浪潮的来临"和"对人生百年时代的不安"。第1章讨论了第四次浪潮,而本章讨论为何人们对人生百年时代感到不安,以至于让日本成为全球罕见的低欲望社会;还有受此影响,日本持续低增长的经济如何才能好转。

---

1 兔子窝,说法最初来自1979年欧洲共同体(EC)的某份非公开报告,原文为"cage à lapins",直译为"兔子窝",是西方调侃日本居住面积狭小的说法。不过,据2006年全球房屋平均占地面积排名显示,日本的房屋平均占地面积为94.85m^2,与欧洲国家相比,差距并不明显。不过日本人并不反感这个说法,反而借此自嘲。
2 叠,日本衡量房间面积的单位,存在地区差异,一般情况下,1叠=1.62m^2。
3 本书日文原版由小学馆出版。

> **主题研讨**
> 人生百年时代的国家战略——21世纪型经济理论②

无视"现实"的人们

上一章我曾提到,未来学家阿尔文·托夫勒预测的第三次浪潮发生后,第四次浪潮正在兴起。不过日本没能赶上第三次浪潮的后半阶段,因此很难进入第四次浪潮的网络社会,即人工智能及智能手机社会。因此日本将持续低迷30年。

人生百年时代[1]会迎来经济结构的巨大变化,我们应该如何制定人生百年时代的国家战略?为何政府出台的政策没有效果?本章将重点探讨以上内容。

我曾与经济学家、评论家、政府官员,以及国会议员交流和讨

---

1 人生百年时代,该词来源于伦敦商学院教授琳达·格拉顿(Lynda Gratton)和安德鲁·斯科特(Andrew Scott)的著作《百岁人生:长寿年代的生活与工作》(*The 100-Year Life: Living and Working in an Age of Longevity*)。书中提到,在过去200年间,由于社会的整体进步,世界各国的人均预期寿命和健康寿命都在增加。按此趋势,未来100年间,人类将迎来一个百年人生的长寿年代。在这个长寿年代里,传统的生产方式将发生改变,传统的教育、生活和工作模式都应加以改变,从而适应新的社会变化、生存选择和人际关系。书中"百年人生"的提法和对未来社会关系的规划,得到了日本政府的青睐与采纳。

论过上述问题，不过切入点完全不同。他们不太理解21世纪型经济是什么，因为他们只学过陈旧的凯恩斯主义经济学，所以总是试图用它来解释。其实这里存在一个很大的误区。

20年前，我提出无国界经济的观点时，曾指出21世纪型经济与以往的经济并不相同。不过，当时的学者和政府官员不以为然，因为他们没有正视现实世界。

在这种情况下，日本的经济持续低迷。经济越低迷，新项目和新顾问就越多，因为要寻找摆脱困境的方法。

例如，就任时间最长的日本前首相安倍晋三和日银总裁黑田东彦听取了纽约市立大学教授保罗·克鲁格曼（Paul Krugman）等人的意见，携手部署"安倍黑田火箭筒"，推行超宽松货币政策，导致日本经济更加低迷。因为他们想的是书里的方法，是20世纪的经济学措施，所以他们的行为毫无意义，比如上调或下调利率，增加或减少基础货币等。更让人气愤的是，其政策推行10年都没有成效，也不见他们找一下原因。

"人生百年时代"是一种误解

人生百年时代是安倍政府提出的，但这个说法来源于伦敦商学院（LBS）教授琳达·格拉顿和安德鲁·斯科特合著的《百岁人生：长寿时代的生活与工作》。这本书没有谈论人生百年时代，而在探讨2007年出生的孩子会活到多少岁。书中提到，50%的日本人会活到107岁。随着人均寿命增加，人生会如何变化，生活方式又会如何变化（图17）。按书中的预测，欧美各国的人均寿命也会达到103、104岁，彼此之间的差距并不明显。不过由于日本碰巧排名第一，日本政府便因此迷失了方向。

因为日本金融厅提出了问题——"如果活到100岁，国家还缺少2000万日元的养老金"。这就是所谓的"2000万日元养老问题[1]"。不过，如果你冷静思考就能意识到，活到100岁是很罕见的。所以，"缺少2000万日元"这种说法毫无意义。政府应该说明活着的人占多少比例，在何种情况下会缺少2000万日元，而不是直接给出结论——缺少2000万日元。

日本人对此有两种反应。其一，有80%的人表示"自己不想活这么久"。这种消极思潮是第一次出现。

其二，有人表示既然缺少2000万日元存款，那就不要消费现有的存款。这是导致经济萧条的最大原因。由于新冠疫情爆发，国民更加收紧自己的钱包，虽然日本政府给所有日本国民发放了10万日元的特别补助金，可是有40%的国民把这笔钱直接存进了银行。

欧美的经济学家不了解日本人的这个特点。所以，支持安倍经济学（Abenomics）的保罗·克鲁格曼教授后来在《纽约时报》中写道，无法想象下调利率、增加基础货币供应量竟然对日本毫无效

1　2000万日元养老问题，是指2019年日本金融厅发布的《老龄社会的资产形成与管理》报告显示，丈夫65周岁及以上、妻子60周岁及以上的无业老龄家庭，平均每月养老金收入约为21万日元，平均每月支出约为26.5万日元，则平均每月赤字约为5.5万日元。如果退休后活30年，则需要约2000万日元的养老金。

金融厅的报告提到的"人生百年时代来临，养老金缺少2000万日元"
引发国民对未来的不安

- 2019年6月，日本金融厅发布了一份报告*,鼓励为即将来临的"人生百年时代"进行资产布局。
- 报告显示，长寿时代来临，退休后的老年生活将会延长。如果一对夫妻活到95岁，预计需要约2000万日元的存款。
- 由于受到多方批评，金融厅随后撤回了该报告。

⬇

"人生百年时代"的说法就是谎言

- 该说法由曾担任安倍政府"人生百年时代构想会议"顾问的伦敦商学院教授琳达·格拉顿在其著作《百岁人生：长寿时代的生活与工作》一书中首次提出。
- 人口动态统计预测，2007年出生的日本人中，能够活到107岁的人口为50%，并非所有人都能活到107岁。

*金融审议会 市场工作组报告《老龄社会的资产形成与管理》
资料来源：ITmedia 大前研一文章

（a）"人生百年时代"的问题

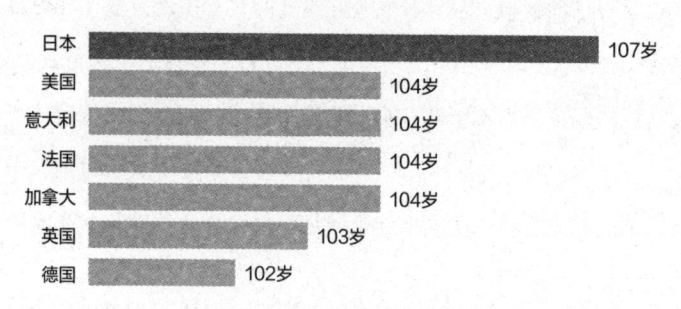

国家	岁数
日本	107岁
美国	104岁
意大利	104岁
法国	104岁
加拿大	104岁
英国	103岁
德国	102岁

资料来源：内阁府《第一次人生百年时代构想会议资料》

（b）2007年出生的孩子中半数人口的预期寿命

图17　2000万日元养老问题

果。可见，思考人生百年时代的问题，需要了解日本的真实现状。

凯恩斯主义经济学家的困惑

在21世纪的经济结构变化中，无国界经济意味着供应链遍布全球。日本已经进入低欲望社会，国内几乎没有资金需求，即使下调利率，日本的过剩资金也会流入高利率国家，进行利差交易。

这种现象与传统封锁国界的凯恩斯主义经济大相径庭。雷曼事件发生时，日本实行低利率的最大受益国是冰岛。德国将从日本借到的资金贷款给冰岛，于是冰岛出现了建设的热潮。资金实现了跨境流动。

传统的凯恩斯主义经济学家不理解这一点。日银总裁黑田东彦表示，尽管美国上调利率，日本仍将维持较低利率。他的表态会加速资金的跨境流动。目前，日元贬值已是常态，除非日本上调利率，否则无法阻止资金流向他国。

换言之，全球会因此出现通货膨胀。凯恩斯主义经济学家只看到国界之内，所以对此无法理解。现代货币理论（MMT）的倡导者认为，只要不出现通货膨胀，就算日本发行大量国债导致国家财政入不敷出也没问题。但结果还是发生了通货膨胀，日本今后将举步维艰。

我一直用"内爆"一词来形容日银，因为有国债这颗"炸弹"，日银迟早会爆炸。现在，我们需要时刻关注日银的动向。

日本政府以超宽松货币政策为导向，实施零利率并大量印发货币投入市场。不过此举仅增加货币供应量，日本的名义GDP30年间没有上涨（图18）。无论投入多少资金，日本的经济都不见好转，GDP也不见上涨。日银总裁黑田东彦曾放出豪言："两年内实现2%的通胀目标。"他已结束长达10年的任期，这是日银史上最长的任期。可惜才华出众的他并未认清21世纪的实体经济。

21世纪型经济将跨越国境

20世纪的凯恩斯主义经济与21世纪的无国界经济有什么区别呢？凯恩斯主义经济学认为，"质量守恒定律"在国界内是有效的。也就是说，只要下调利率增加货币供应量，经济就会复苏。如果经济过于繁荣，就上调利率使其回稳。

我提出的无国界经济，是通过跨境方式实现资金的全球性流动，质量守恒定律将失去作用。例如，某国上调利率后将从全球吸收资金，从而实现经济好转。克林顿任职美国总统时曾不断上调利率，实现了美国的经济复苏。他也因此再次当选总统。

如图19所示，利差交易指将从低利率国家借来的货币换成高利率国家的货币后再贷出，以此赚取利差。由此出现"日元利差交易""美元利差交易"等现象。他国利率会影响本国的经济政策。

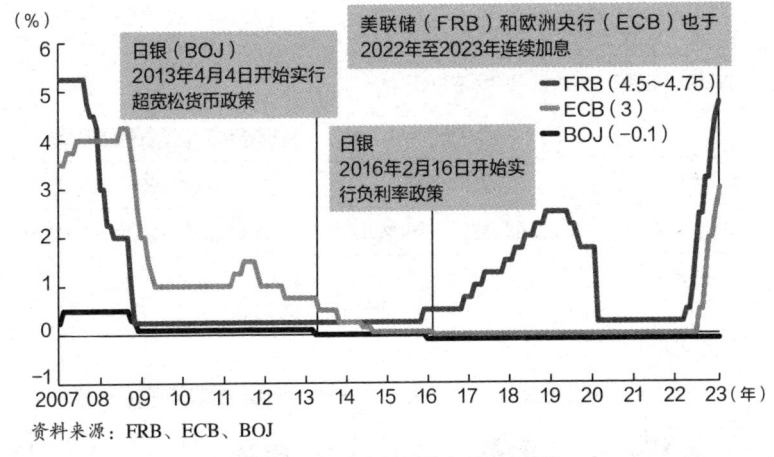

(a）日本、美国和欧洲的官定利率趋势

资料来源：FRB、ECB、BOJ

日银（BOJ）2013年4月4日开始实行超宽松货币政策

日银2016年2月16日开始实行负利率政策

美联储（FRB）和欧洲央行（ECB）也于2022年至2023年连续加息

FRB（4.5～4.75）
ECB（3）
BOJ（-0.1）

（b）货币与名义GDP的关系

货币供应量（M2）*
名义GDP

2021年末 1178
2013年末 862
2021年 541
2013年 513

马歇尔K值** 2013年末 / 1.68　2021年末 / 2.17

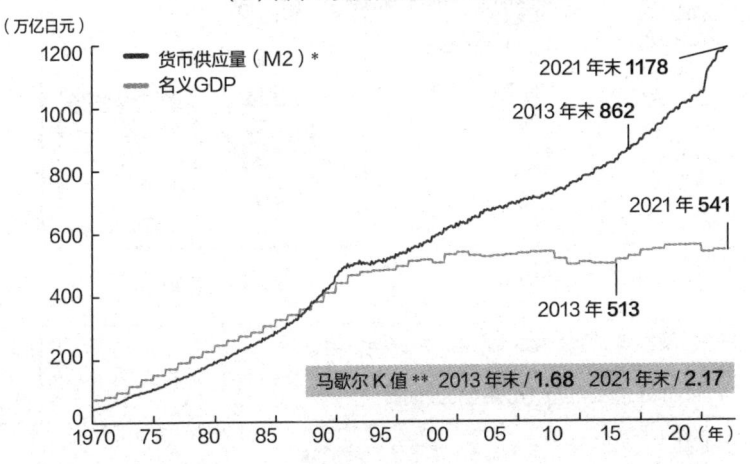

根据前首相安倍晋三提出的"安倍经济学"，日银总裁黑田东彦于2013年4月开始实行的"安倍黑田火箭筒"毫无效果

*M2=现金货币+存款货币+准货币+可转让定期存单（CD）
**马歇尔K值=货币供应量（M2）/名义GDP
资料来源：内阁府·经济社会综合研究所、日银·时间序列统计数据搜索网站

图18　日本、美国和欧洲的官定利率趋势及货币与名义GDP的关系

20世纪型经济与21世纪型经济的区别

	20世纪	21世纪
经济模式	凯恩斯主义经济	无国界经济
货币供应量	增加货币供应量，刺激国内经济	增加货币供应量，流向高利率国家
质量守恒定律	有效	无效

利差交易机制

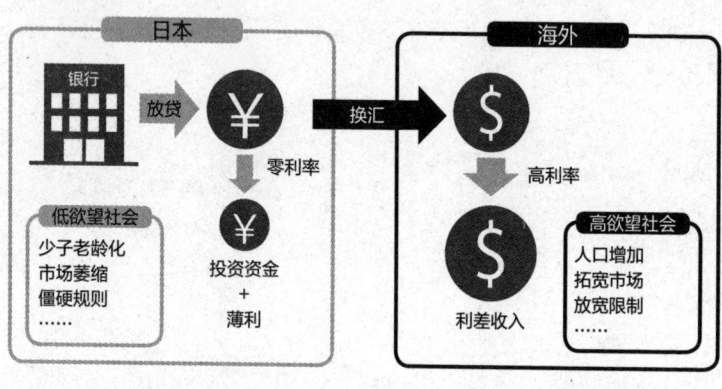

日本
- 银行放贷 → ¥ 零利率 → 投资资金 + 薄利
- 低欲望社会：少子老龄化、市场萎缩、僵硬规则……

换汇 →

海外
- $ 高利率 → $ 利差收入
- 高欲望社会：人口增加、拓宽市场、放宽限制……

在低利率的日本借贷　　在高利率的海外获利

- 无国界经济中，如果下调利率，高利率国家就会借贷。
- 利差交易：货币流动就会产生"利润"。
- 调整利率和货币供应量不会使国家经济好转。

资料来源：大前研一著《新资本论》（东洋经济新报社）

图19　两种经济模式与利差交易

日本持续下降的欲望水准

我年轻的时候,日本还是高欲望社会。即使银行利率高过5%,人们也要借钱建房,他们用30年还清住房贷款,支付的利息远远超过本金。20世纪60年代～80年代是一个"有答案的时代",GDP增长率5%～10%,官定利率[1]4%～9%,新生人口150万～200万,人均寿命70岁(图20)。

1990年到2014年,日本成了低欲望社会,进入一个"无答案的时代"。GDP增长率2%～3%,官定利率0%～2%,新生人口下降至100万～150万,人均寿命延长到77岁。

面对第四次浪潮的开端,日本进一步成为无欲望社会。官定利率-0.1%,新生人口下降至81万～100万,人均寿命延长到82岁。与过去相比,还增加了很多不确定性,比如中美矛盾、新冠病毒、俄乌冲突、通货膨胀、原油价格高涨等。

简言之,日本政府的超宽松货币政策不见成效,原因在于国民没有欲望。经济很大程度受欲望左右。有欲望,人才会购物、享受服务,经济才会发展;没有欲望,人就不会做任何事情。政府必须认识到,日本的国民性格已经发生了天翻地覆的变化。

---

[1] 官定利率,指由政府金融管理部门或者中央银行确定的利率,通常称为官定利率或官方利率,也叫法定利率。

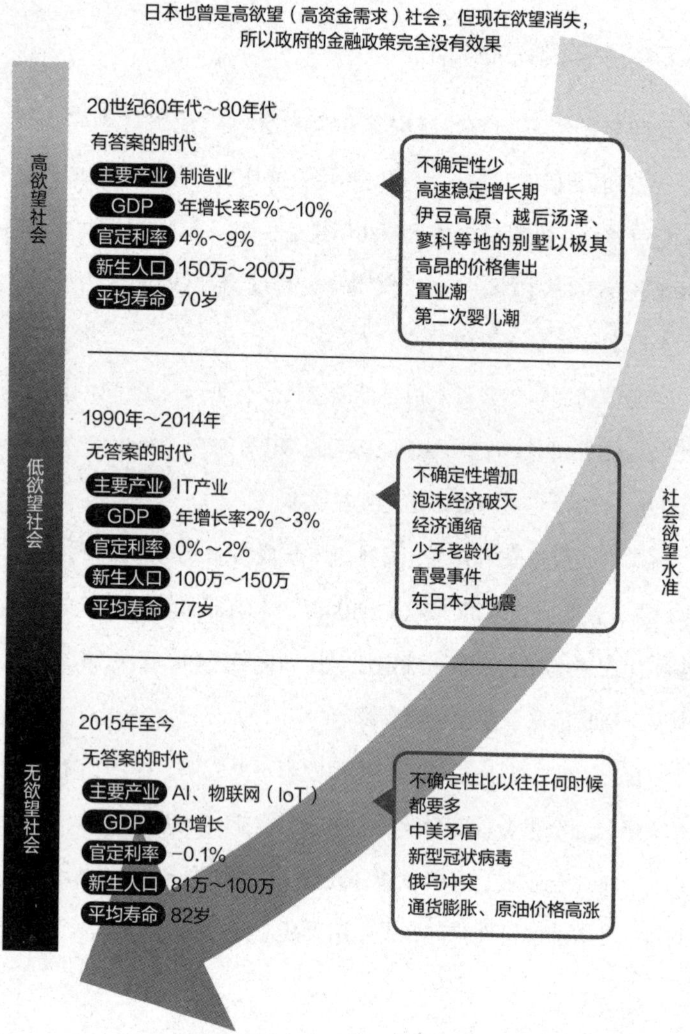

日本也曾是高欲望（高资金需求）社会，但现在欲望消失，所以政府的金融政策完全没有效果

高欲望社会

20世纪60年代～80年代
有答案的时代
- **主要产业** 制造业
- **GDP** 年增长率5%～10%
- **官定利率** 4%～9%
- **新生人口** 150万～200万
- **平均寿命** 70岁

- 不确定性少
- 高速稳定增长期
- 伊豆高原、越后汤泽、蓼科等地的别墅以极其高昂的价格售出
- 置业潮
- 第二次婴儿潮

低欲望社会

1990年～2014年
无答案的时代
- **主要产业** IT产业
- **GDP** 年增长率2%～3%
- **官定利率** 0%～2%
- **新生人口** 100万～150万
- **平均寿命** 77岁

- 不确定性增加
- 泡沫经济破灭
- 经济通缩
- 少子老龄化
- 雷曼事件
- 东日本大地震

无欲望社会

2015年至今
无答案的时代
- **主要产业** AI、物联网（IoT）
- **GDP** 负增长
- **官定利率** -0.1%
- **新生人口** 81万～100万
- **平均寿命** 82岁

- 不确定性比以往任何时候都要多
- 中美矛盾
- 新型冠状病毒
- 俄乌冲突
- 通货膨胀、原油价格高涨

社会欲望水准

资料来源：BBT大学综合研究所

图20　日本社会欲望水准

何谓"2000万日元养老问题"

2019年6月,日本金融厅公布了一项报告,报告指出:人生百年时代已经来临,如果仅凭国家养老金生活,夫妻二人的老年人家庭每户还缺少2000万日元养老金。这就是所谓的"2000万日元养老问题"。

不过,我们调查后发现,户主在65岁~69岁之间,家庭成员2人以上的家庭,其平均资产高达2252万日元,家庭成员只1人且为男性的有1552万日元,家庭成员只1人且为女性的有1506万日元。因此,日本大部分的老年人其实并不存在资金问题(图21)。

65岁~69岁家庭的金融资产最高多达2252万日元,所以事实上大部分老年人都没有养老金问题

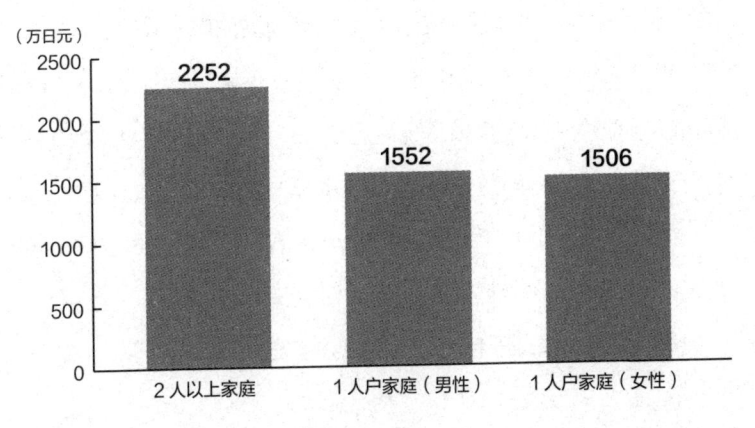

家庭类型	金融资产(万日元)
2人以上家庭	2252
1人户家庭(男性)	1552
1人户家庭(女性)	1506

资料来源:金融厅《老龄社会的资产形成与管理》

图21 户主年龄在65岁~69岁之间的家庭平均金融资产

"缺少2000万日元养老金"只是一个假设。假定目前60岁～65岁的老年人只领取日本的厚生年金[1]生活，等他们活到95岁时，会有2000万日元的养老金缺口。不过事实上，每4个日本人中只有1人能活到95岁，况且有一半人在65岁前就已经拥有2000万日元以上的存款。

那么，如何解决这个问题？其实不难，政府可以告知这些养老金不够的老年人，如果他们领取国民年金[2]还不够养老，国家可以负责，所以不用担心。这样便不会出现社会动荡。

"威胁"悲观国民的政府

由于政府并未做出解释，所以很多日本人看到这份报告后很悲观。在回答"如何看待人生百年时代老年生活"的问题时，有多达61.1%的人选择了"很悲观"，而非"很高兴能够长寿"。从回答者的年龄来看，30岁～39岁年龄段选择"悲观"的占比最多，为64.5%。而20岁～29岁年龄段也高达53.0%。虽然我希望日本的年轻人不要悲观，可这就是日本的现状（图22）。

在回答"人生百年时代，您希望活到100岁吗"时，居然有78.8%的人选择"不希望"。这样的国民恐怕十分罕见。

我认为，出现这种情况，问题不在于充满不安的国民，而在于

---

[1] 厚生年金，日本公共养老金，主要面向公司职员，费用由公司和员工各承担一半。
[2] 国民年金，日本公共养老金，是养老金制度中最基础的部分。

日本人对"人生百年时代"的老年生活持悲观态度，近80%的日本人并不希望活到100岁

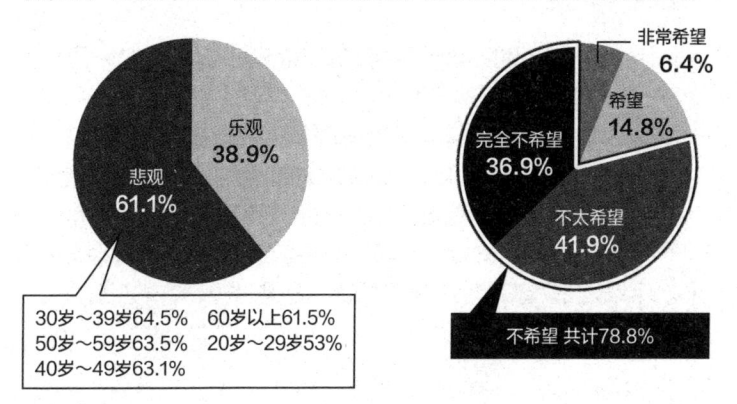

```
30岁～39岁64.5%  60岁以上61.5%
50岁～59岁63.5%  20岁～29岁53%
40岁～49岁63.1%
```

调查时间：2018年6月20日～26日
调查对象：1000名20岁～69岁的男性和女性
资料来源：安盛人寿《人生百年时代的生活法》

图22　有关人生百年时代的意见调查

政府。因为政府正在"威胁"自己的国民——"你要长寿吗？那还缺2000万日元呢"。这样的政府也很罕见。他们应该提出更详细、更符合国民实际情况的建议，而不是引发国民的不安情绪。

年轻人更担心养老

日本人年轻时就开始考虑养老问题了（图23）。

根据内阁府的调查显示，18岁～29岁年龄段考虑养老规划的日本人有32.5%，30岁～39岁有58.2%，40岁～49岁有69.2%。可见日本人很早就开始担心未来的生活。

Q：是否考虑过养老规划

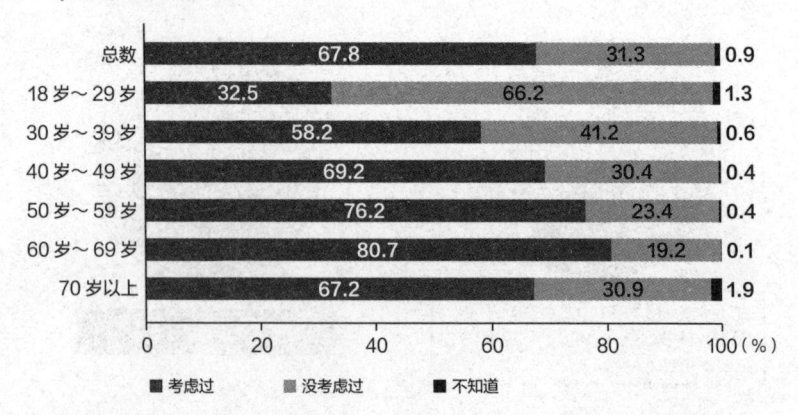

	考虑过	没考虑过	不知道
总数	67.8	31.3	0.9
18岁~29岁	32.5	66.2	1.3
30岁~39岁	58.2	41.2	0.6
40岁~49岁	69.2	30.4	0.4
50岁~59岁	76.2	23.4	0.4
60岁~69岁	80.7	19.2	0.1
70岁以上	67.2	30.9	1.9

■ 考虑过　■ 没考虑过　■ 不知道

Q：考虑养老规划的原因

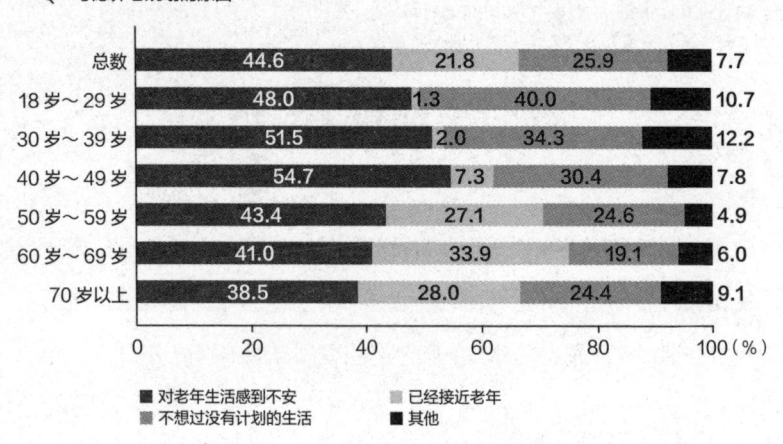

	对老年生活感到不安	已经接近老年	不想过没有计划的生活	其他
总数	44.6	21.8	25.9	7.7
18岁~29岁	48.0	1.3	40.0	10.7
30岁~39岁	51.5	2.0	34.3	12.2
40岁~49岁	54.7	7.3	30.4	7.8
50岁~59岁	43.4	27.1	24.6	4.9
60岁~69岁	41.0	33.9	19.1	6.0
70岁以上	38.5	28.0	24.4	9.1

■ 对老年生活感到不安　■ 已经接近老年
■ 不想过没有计划的生活　■ 其他

时间：2018年11月1日~11月18日
总人数：5000人
资料来源：内阁府《关于养老规划与公共年金的调查》

图23　日本人"对老年生活感到不安"的意见调查

考虑养老规划的原因中，回答"对老年生活感到不安"的人不在少数。其中，18岁～29岁年龄段有48.0%，30岁～39岁有51.5%，40岁～49岁有54.7%，比例比50岁以上年龄段还要高。所以年轻人不消费，拼命存款。

新冠疫情期间，日本政府给所有国民发放了10万日元的特别补助金。不过，有42.7%的人将这笔钱存进了银行。日本央行的资金循环统计结果显示，日本家庭的收支情况良好，40年里有39年都处于盈余状态。所以日本的现状是：个人金融资产超过2000万亿日元，但其中有一半，即1000万亿日元都是存款或现金。这笔钱会通过日元利差交易流向国外，由贫困国家使用。

零利率储蓄的日本人与零利率消费的美国人

因为日本是低欲望社会，所以大部分个人金融资产都在银行。另一方面，如图24所示，虽然日本国内银行的存款不断增加，但贷款的增长趋势不明显。银行利用这笔差额购买国债，而日本央行则购入这些银行购买的国债。

我们知道，日本2000万亿日元的个人金融资产中有一半是现金或存款。即使将这1000万亿日元定期存入银行，利息也不多。1亿日元存银行1年，利息只不过一碗拉面而已。即便如此，很多日本人还是将钱存进银行。因为没有其他的增值方法，投资股票和信托基金很可能会蒙受巨大损失。

从日本家庭收入与支出的增减率变化趋势来看，疫情期间发放

低欲望化下的日本，即使实行零利率政策，选择存款而非贷款的人也在持续增加

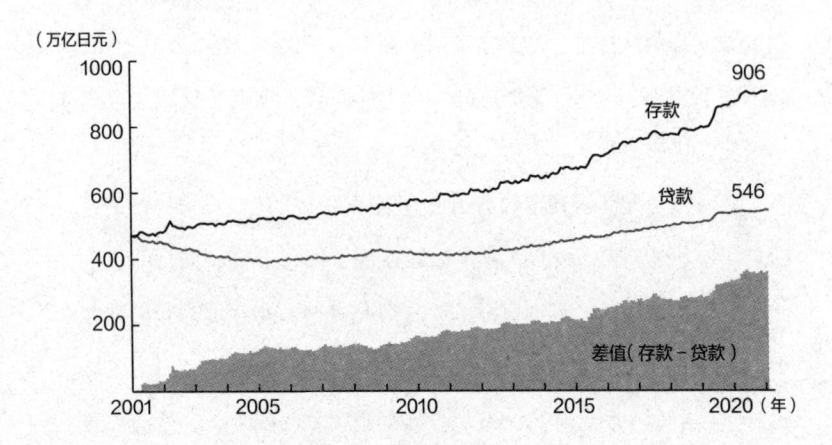

图24 日本国内银行的存款及贷款余额变化趋势

资料来源：日银《存款、现金与贷款（国内银行）》

的10万日元特别补助金基本没有用于消费（图25）。

而美国采取相同措施便迅速刺激了消费（图26）。为应对新冠疫情，美国政府于2021年1月发放人均600美元（约6.3万日元）的补助，同年3月又发放人均最高1400美元的补助。当时美国实行着零利率政策，所以很快掀起建房的热潮。日本两年前的木材短缺便是受此影响。可以说，美国人有钱就会买房。于是，美国出现了建房热，而日本出现了木材短缺。

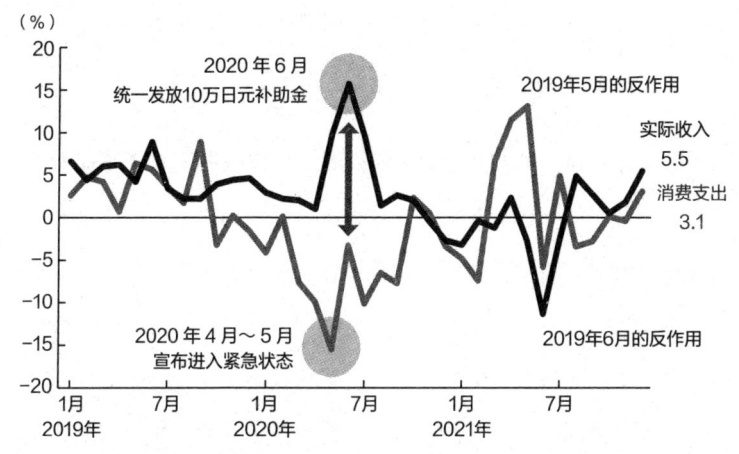

（%）
20
15 2020年6月
　　统一发放10万日元补助金
10
　　　　　　　　　　　2019年5月的反作用
5
　　　　　　　　　　　　　　　　　　实际收入
0　　　　　　　　　　　　　　　　　　5.5
　　　　　　　　　　　　　　　　　　消费支出
-5　　　　　　　　　　　　　　　　　3.1
-10
-15 2020年4月~5月
　　宣布进入紧急状态　　　2019年6月的反作用
-20
　1月　　7月　　1月　　7月　　1月　　7月
　2019年　　　2020年　　　2021年

资料来源：总务省《家庭调查》2人以上职工家庭

图 25　日本家庭收入与支出的增减率变化趋势（同比）

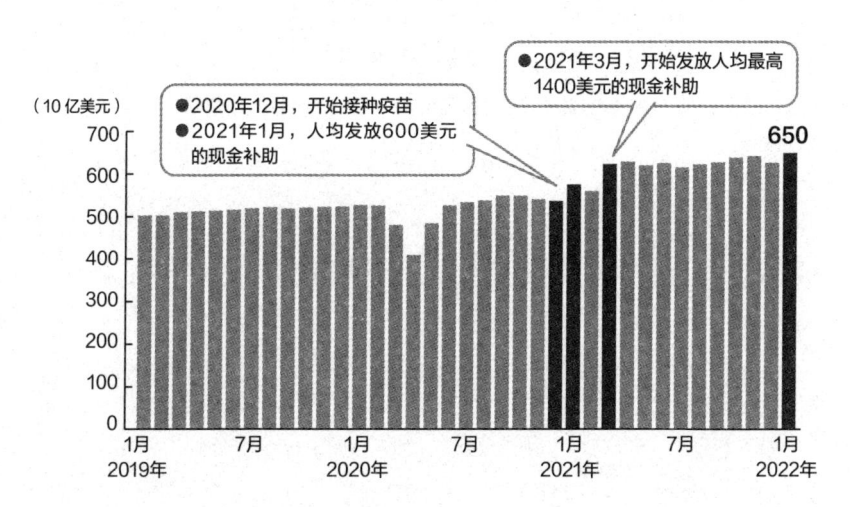

（10亿美元）
700
　　　●2020年12月，开始接种疫苗　　●2021年3月，开始发放人均最高
　　　●2021年1月，人均发放600美元　　1400美元的现金补助
600　　的现金补助　　　　　　　　　　　　　　　　　　　　650
500
400
300
200
100
0
　1月　　7月　　1月　　7月　　1月　　7月　　1月
　2019年　　　2020年　　　2021年　　　2022年

资料来源：美国商务部、季节调整值

图 26　美国零售业销售额变化趋势

091

退休后有闲钱的日本人

日本有一个"Flat35[1]"住房贷款服务，借款期间35年不会调整利率。即便如此，日本人也不贷款买房。明明有鱼钓，却不甩杆。美国下调利率，几乎所有美国人都会贷款（图27）。这是低欲望社会与高欲望社会的差异。

为什么日本人的欲望消失了呢？战后日本政府鼓励节俭生活和储蓄，所以很多日本人退休后都有闲钱。不过，因为他们对老年生活感到不安，所以很重视钱。他们不花存款，生活俭朴。他们去世时，每个人还有3000多万日元的资产。

就算他们意识到这些，想用这笔钱出国旅游，可是年纪大了没有精力出去。于是，他们只好选择九州铁道公司的"九州七星号"豪华观光列车在国内旅行。这趟旅行，4天3晚的单人票价是100多万日元，夫妻两人需要200多万日元。旅行结束后，他们会感慨"体验太棒了""旅行好感动"，并预约下一次旅行。也有夫妻在博多租车，自驾前往旅游景点，住在温泉旅馆，享用各种美食，这一趟4天3晚的旅行，也要花费50万日元。这些国内旅行其实是十分奢侈的，我将其称为"自暴自弃型消费"。

---

1 Flat35，日本国土交通省管辖下的住宅金融支援机构与民间金融机构合作，由银行提供35年全期固定利率房屋贷款的金融产品。

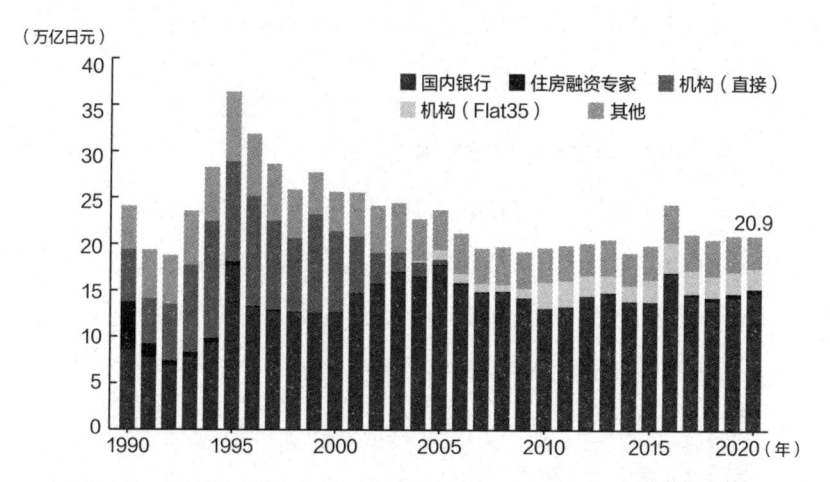

(a)日本新增住房贷款变化趋势

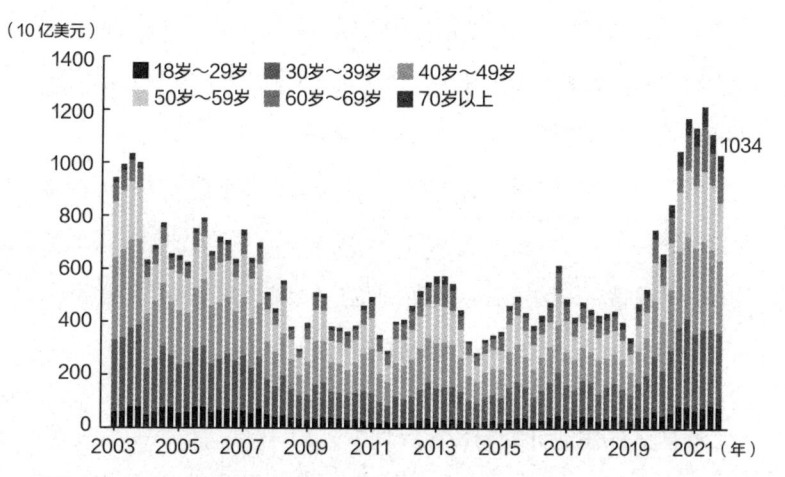

(b)美国新增住房贷款变化趋势

图27 美日新增住房贷款变化趋势

日本人应该放弃的两种说法

我认为，日本人应该放弃两种说法。

第一种说法是"我家很小，可是我很喜欢"。这种说法流行于昭和初期，当时整个日本都很贫困。经过高度的经济发展，现在的日本人理应喜欢宽敞的房子。有新闻报道说，随着远程办公的兴起，很多日本人不好意思让别人看到自己居住在狭小的空间里，他们会笑称自己的房间是"简陋的书房"。其实，他们完全可以拥有宽敞的书房。

日本住宅的平均占地面积是92.5㎡。而美国、澳大利亚的平均占地面积达到180㎡，是日本的两倍（图28）。虽然日本人的个人金融资产高达2000多万亿日元，却没人对兔子窝般的居住环境感到不满。我觉得很奇怪。

另一种说法是"最终的住所"。美国的词典里没有这个词。如果资金充裕，美国人会不断买房，一套又一套。因为他们觉得房屋是一种"储蓄"，购买后会升值，而且马上能变现。所以，美国一旦下调利率，就会迅速掀起建房的热潮。

美国人的生活计划与资金计划

美国人年轻时就开始制订生活计划与资金计划。首先，他们会在工作地点附近贷款买房（图29）。其次，他们会去温暖的南方度假，并在度假区寻找退休后的理想居所。如果遇到自己喜欢的房子，就

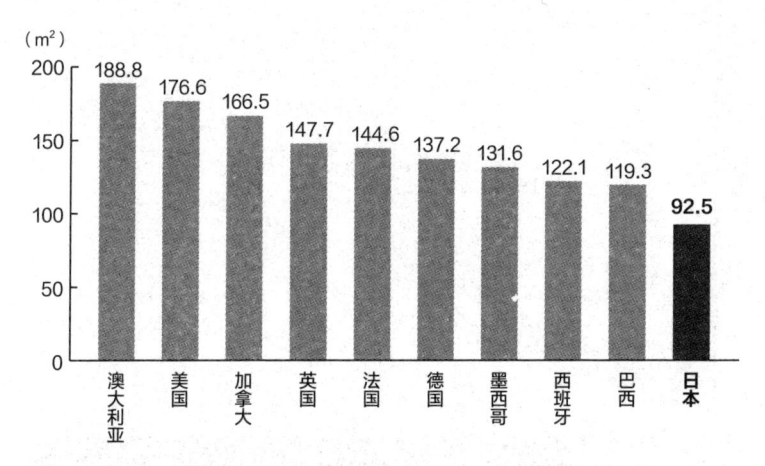

资料来源：国土交通省《住宅与土地统计调查》、Point2 Homes

（a）每户住宅的平均占地面积

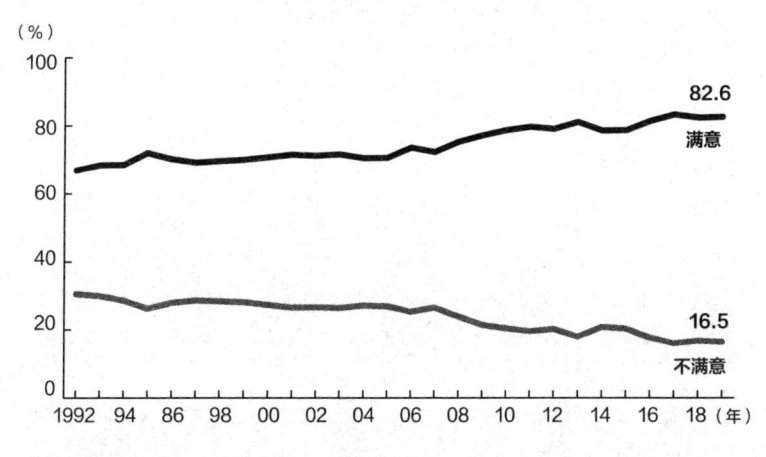

资料来源：根据内阁府《国民生活民意调查》制作而成

（b）日本人对居住生活的满意度

图28 日本人现有居住条件

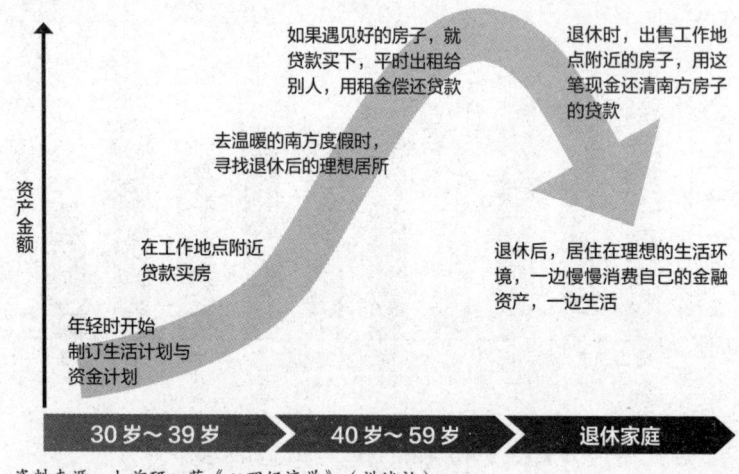

图中文字内容：

(a) 美国人的典型生活计划（资金计划）

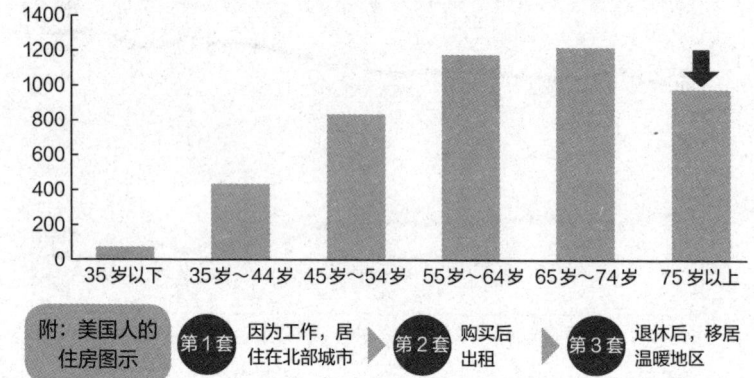

- 年轻时开始制订生活计划与资金计划
- 在工作地点附近贷款买房
- 如果遇见好的房子，就贷款买下，平时出租给别人，用租金偿还贷款
- 去温暖的南方度假时，寻找退休后的理想居所
- 退休时，出售工作地点附近的房子，用这笔现金还清南方房子的贷款
- 退休后，居住在理想的生活环境，一边慢慢消费自己的金融资产，一边生活

横轴：30岁~39岁 → 40岁~59岁 → 退休家庭

纵轴：资产金额

资料来源：大前研一著《心理经济学》（讲谈社）

(b) 美国各年龄段的家庭净资产（2019年）

（千美元）

年龄段	净资产
35岁以下	~75
35岁~44岁	~430
45岁~54岁	~830
55岁~64岁	~1170
65岁~74岁	~1210
75岁以上	~970

附：美国人的住房图示
- 第1套：因为工作，居住在北部城市
- 第2套：购买后出租
- 第3套：退休后，移居温暖地区

资料来源：美国联邦储备银行"美国金融账户"

图29 美国人的典型生活计划和各年龄段家庭净资产

会将其作为第二套房子买下，然后再出租，用租金偿还贷款。

退休后，美国人会卖掉自己工作地点附近的房子，搬进还清贷款的第二套房子，慢慢地消费自己的金融资产，悠闲地生活。我认识的很多美国人都是这样，这也是美国经济发展的原动力之一。有些日本学者认为美国人习惯贷款，而日本人习惯储蓄。我觉得他们可能不太了解这里面的机制，美国人的贷款能够立刻变成存款。

退休后度假的意大利人

我们来看日本各年龄段的储蓄情况，60岁之前，年龄越大存款越多（图30）。不过，大部分人退休以后的生活并不精彩，因为这些企业战士[1]退休之前过度劳累。他们明明可以花费存款享受生活，却选择了不花钱的活动，比如遛狗、郊游和爬山。

意大利人不一样，他们总说"人生最大的成功是去世的时候不剩一分钱"。他们退休以后会花掉所有积蓄享受度假时光，连1欧元也不愿意剩下。你要问他们："如果你活得比原定计划久怎么办？"他们会回答："还有养老金呢！"意大利人享受生活，他们会说"我的人生不虚此行（La dolce vita）"。

而日本40年前的调查显示，有80%以上的日本人会把遗产留给子孙。但现在很少有人这么做，因为担心子孙觊觎遗产，所以最终也无法决定将遗产留给谁。不事先留遗嘱，这样去世前反而会有子

---

[1] 企业战士，指日本经济高速发展时期，为企业振兴粉身碎骨在所不辞的上班族。

(万日元)

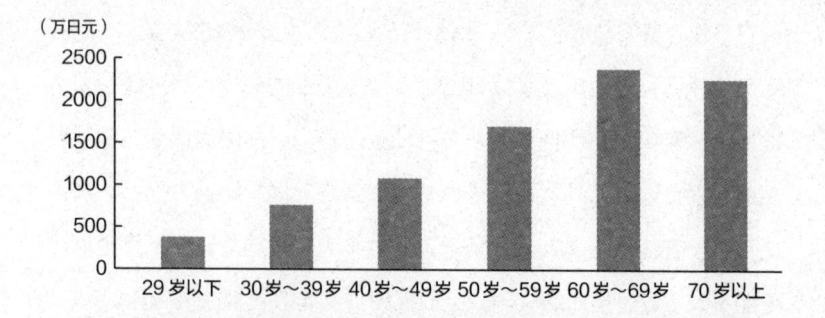

年龄段	储蓄金额
29岁以下	~380
30岁~39岁	~750
40岁~49岁	~1050
50岁~59岁	~1650
60岁~69岁	~2350
70岁以上	~2200

- 一直以来，大部分日本人以"企业战士"的姿态工作，筋疲力尽后退休，所以退休生活不太精彩。
- 受存钱教育影响，自小就考虑存钱，所以只参加一些不花钱的活动，比如遛狗、爬山等。
- 日本人去世的时候，是存款最多的时候。

资料来源：总务省《家庭调查报告（储蓄与负债篇）》2020年

（a）日本各年龄段户主的储蓄金额（2020年）

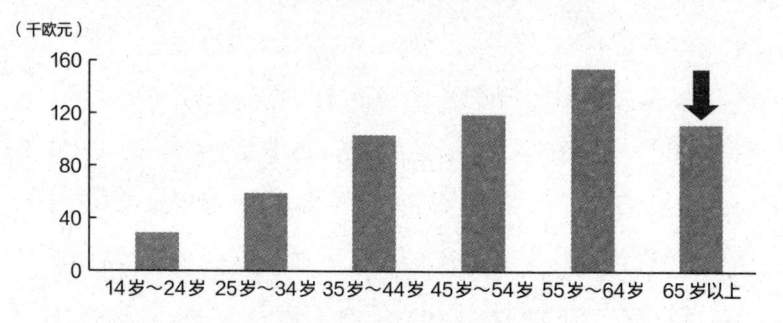

(千欧元)

年龄段	金融资产
14岁~24岁	~28
25岁~34岁	~58
35岁~44岁	~102
45岁~54岁	~118
55岁~64岁	~152
65岁以上	~108

- 意大利人花钱如流水，去世时身无分文。
- 去世时，如果还剩一分钱都会后悔，所以他们把钱花在度假等活动上，享受人生。

资料来源：意大利联合圣保罗银行

（b）意大利各年龄段的金融资产（2020年）

图30　日本和意大利各年龄段户主储蓄金额

孙照顾自己。还有人死后不将遗产留给任何人，或者将遗产留给临终前照顾自己的护士或护理师。因为遗产分配问题，日本的家庭其实很分裂。这都是钱财引来的祸事。

失去爱好的日本老年人

60岁～69岁年龄段的人如何看待兴趣爱好特别重要。

请看图31，日本的老年人正在丧失自己的兴趣爱好，其中很多爱好都是一个人单独完成的。排行榜的第一位是旅行，第二是看电视，第三是园艺，第四是阅读，第五是散步。我觉得看电视不算兴趣爱好，但居然排第二，真的挺可怜。

我曾在墨西哥的下加利福尼亚州参加过邮轮旅行。该州与美国南部接壤，许多美国的老年人会乘坐自己的船从洛杉矶或旧金山出发，在下加州待一两个月，享受潜水和垂钓的生活。两国老年人之间的差异实在很大。

日本人有个奇怪的癖好——"只做自己学过的东西"。不过他们不学"怎么玩"，这是一个严重的问题。

我很爱玩，也常带着朋友去玩。我们一起体验过摩托车、动力雪橇、水上摩托车等各种刺激的项目。朋友们玩上一天就会精疲力竭，而我每天骑摩托车300千米，一周骑行2500千米，已经走遍日本各地。出去旅行的话，回家后的第二天就开始工作。因为我年轻时就这么玩，所以知道怎么玩。不过很多日本人不知道怎么玩，这是"人生百年时代"的一大问题。

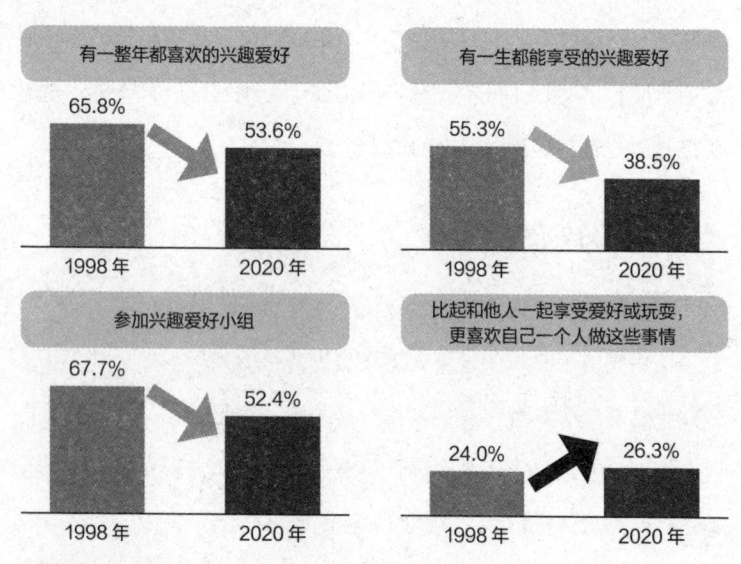

有一整年都喜欢的兴趣爱好	有一生都能享受的兴趣爱好
65.8% → 53.6%	55.3% → 38.5%
1998年　2020年	1998年　2020年

参加兴趣爱好小组	比起和他人一起享受爱好或玩耍，更喜欢自己一个人做这些事情
67.7% → 52.4%	24.0% → 26.3%
1998年　2020年	1998年　2020年

调查区域：东京地区半径40千米，阪神地区半径30千米
调查对象：3080名20岁~69岁的男女
资料来源：博报堂《生活定点1992~2020》

（a）60岁~69岁的老年人对兴趣爱好的看法

名次	兴趣爱好	占比	名次	兴趣爱好	占比
第1	旅行	43.6%	第6	电影、戏剧、艺术鉴赏	28.7%
第2	看电视	40.8%	第7	智力问答、拼图	22.2%
第3	园艺	36.0%	第8	购物	22.0%
第4	阅读	32.9%	第9	音乐鉴赏	21.8%
第5	散步	31.2%	第10	泡温泉、蒸桑拿	20.7%

调查对象：2500名60岁~90岁的老年人
资料来源：JMAR《2020年老年人生活方式结构基本调查》

（b）老年人兴趣爱好排行榜

图31　日本老年人的兴趣爱好

日本的"孤独老人"持续增加

从65岁以上的独居老人变化趋势图可以看出,其数量正在逐年增加(图32)。2015年的数据显示,65岁以上的老年人群体中,独居男性占13.3%,独居女性则高达21.1%。

除家人外,几乎没有亲密的朋友,日本人的这个趋势也很明显。60岁以上的老年人,没有亲密关系的占31.3%,还有一些人"不知道"自己有没有亲密关系,占比达40%。而美国、德国和瑞典的老年人,无论男女,都喜欢与朋友沟通交流(图33)。日本人跟他们相差很大,这样度过一生不孤独吗?

为何只有日本人对未来感到不安

图34显示,虽然日本的个人金融资产世界第一,高达2000万亿日元,但是60岁以上的老年人中,认为现有存款和资产不够养老的人居然有55.5%,远远超过美国、德国和瑞典。仅有34.8%的老年人认为现有存款和资产足够养老。

60岁以上的老年人希望继续工作的有51%,其原因是"想要收入"。随着患病的可能性不断增加,没有收入就会感到不安。而在美国、德国和瑞典,认为"工作有趣,工作能给自己带来活力"的老年人要多于"想要收入"的人。从这份数据也能看出,日本人是一个比较悲观的民族。

资料来源：内阁府《2021年版老龄社会白皮书》

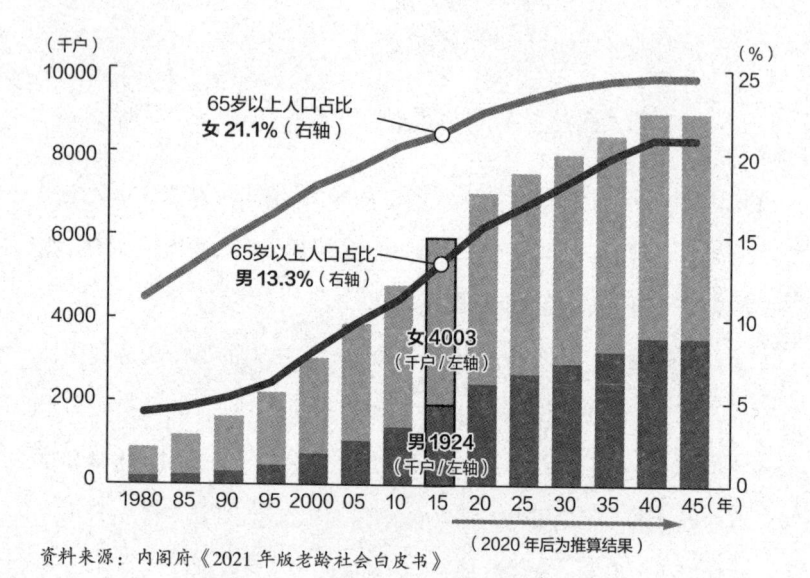

图32　65岁以上独居老人变化趋势

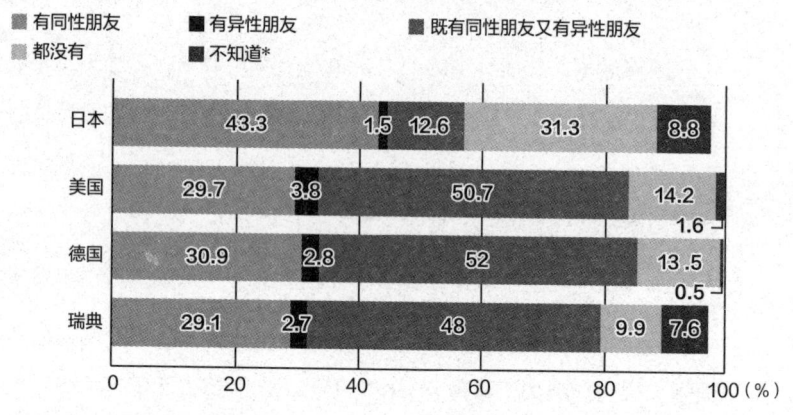

* 无回答的数据图中未体现。
注：调查对象为居住在各国的60岁以上的男性和女性个人（不包括养老院里的老年人）
资料来源：内阁府《2020年度第9次老年人生活及态度国际比较调查》

图33　四国老年人交友情况（60岁以上）

102

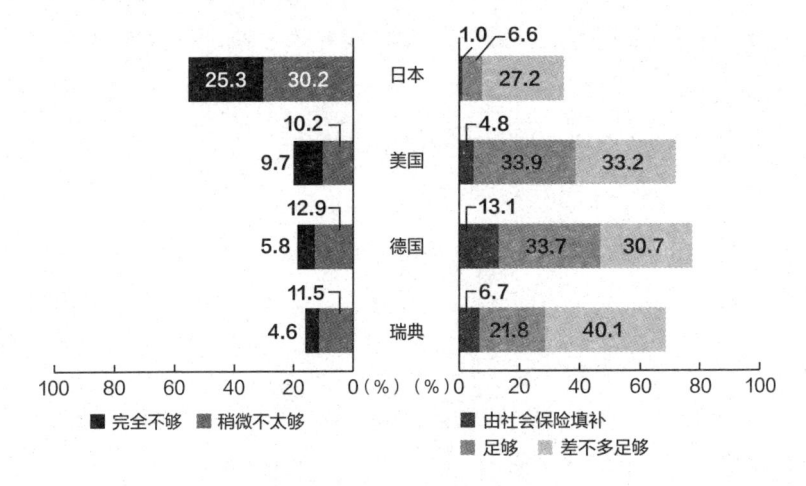

(a)为老年生活做准备的现有储蓄与资产水平

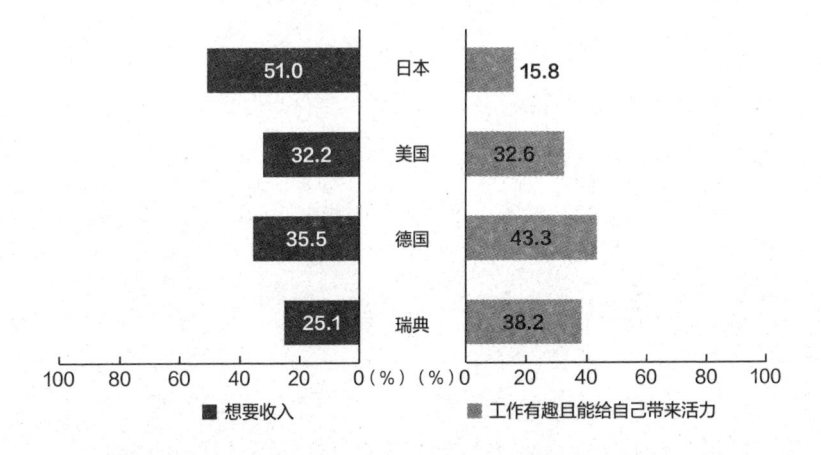

■ 完全不够　■ 稍微不太够　■ 由社会保险填补　■ 足够　■ 差不多足够

日本：25.3　30.2　|　1.0　6.6　27.2
美国：10.2　9.7　|　4.8　33.9　33.2
德国：12.9　5.8　|　13.1　33.7　30.7
瑞典：11.5　4.6　|　6.7　21.8　40.1

■ 想要收入　■ 工作有趣且能给自己带来活力

日本：51.0　|　15.8
美国：32.2　|　32.6
德国：35.5　|　43.3
瑞典：25.1　|　38.2

注：调查对象为居住在各国的60岁以上的男性和女性个人（不包括养老院里的老年人）
资料来源：内阁府《2020年度第9次老年人生活及态度国际比较调查》

(b)老年人希望继续工作的主要原因

图34　四国老年人对老年生活的应对

再看图35，比较一下税收。瑞典的税收很高，其税收负担率[1]超过50%，是日本的两倍。不过，即使瑞典人没有存款，国家也会负担每一个公民的生活，直至他们死亡。因此，瑞典人才会忍受巨额的税收。

日本人很讨厌税收，所以税收负担率也不高，但他们的年金、医疗、护理等社会保障负担率[2]非常高。税收负担率与社会保障负担率两项相加，竟高达44.4%。因此，如果在日本增税，就会引发大骚乱。所以日本政府才使用"社会保障"等说辞糊弄国民，而实际的国民负担率[3]高达收入的40%。这是政府的狡猾之处。

再看日本的家庭金融资产明细，占比最多的一项是现金存款，高达54.2%。德国的现金存款占比也高，达到40.0%。而美国仅为12.7%，剩下的是股票及其他用途。瑞典也仅为13.2%，其他的股票证券、信托基金、养老金及保险占80%以上。

瑞典人这么做，是因为即使他们身无分文，国家也会负担他们的生活直至离世。

---

[1] 税收负担率，政府税收占国内生产总值或国民生产总值（GNP）的比率，以衡量一国国民的租税负担程度，比率越高表示国民支付给政府的税收越高，政府规模也越大，提供的公共建设服务的质或量也更高。

[2] 社会保障负担率，指负担额与国民收入的比率，衡量养老金、医疗保险等社会保障的负担水平。

[3] 国民负担率，税收负担率与社会保障负担率的总和，是衡量全体国民公共负担率的指标。

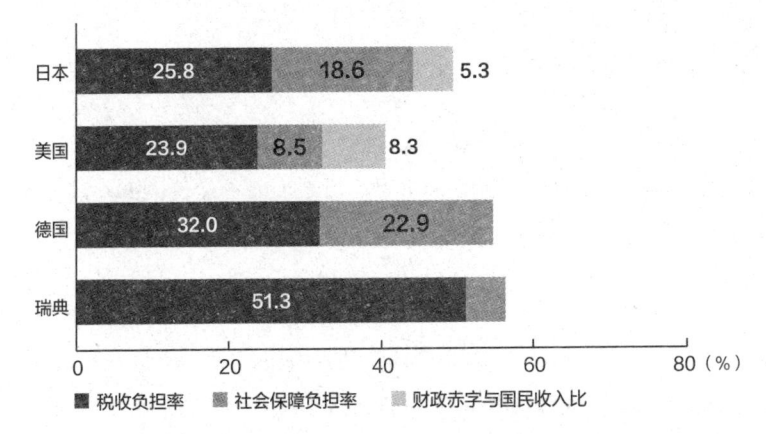

	税收负担率	社会保障负担率	财政赤字与国民收入比
日本	25.8	18.6	5.3
美国	23.9	8.5	8.3
德国	32.0	22.9	
瑞典	51.3		

资料来源：财务省《国民负担率》

（a）国民负担率比较（2019年）

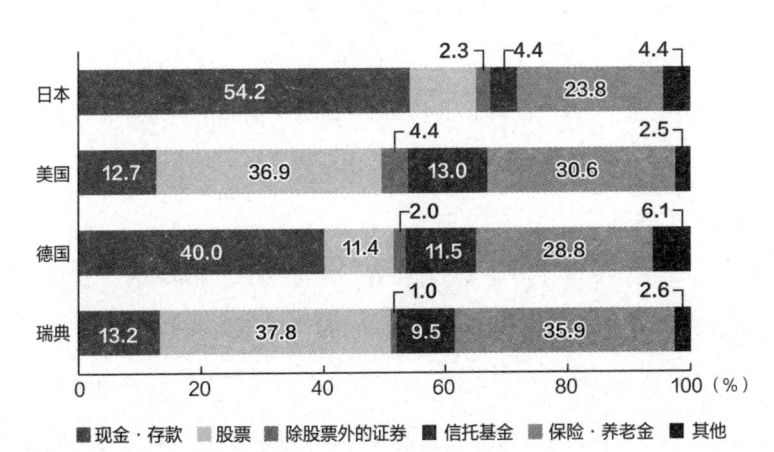

	现金·存款	股票	除股票外的证券	信托基金	保险·养老金	其他
日本	54.2		2.3	4.4	23.8	4.4
美国	12.7	36.9	4.4	13.0	30.6	2.5
德国	40.0	11.4	2.0	11.5	28.8	6.1
瑞典	13.2	37.8	1.0	9.5	35.9	2.6

资料来源：经合组织"家庭金融资产"

（b）家庭金融资产明细（2020年）

图35　四国国民负担率与家庭金融资产

日本应该怎么办？

总结前文的验证内容，我认为日本政府可以采取以下三点对策：一是消除国民对未来的不安；二是促使个人资产再次流入市场；三是提倡享受人生。

首先，日本拥有世界上最多的个人金融资产，但因为对未来感到不安，所以这些资产没有流入市场，因而形成了低欲望社会。所以，消除国民对未来的不安是最重要的对策。

具体怎么做呢？如果我是首相，会告诉国民，政府已经建好社会安全网络[1]，紧要时刻，国家会照顾他们。他们可以尽情消费，享受人生，不用存钱。

我还会告诉国民，他们很幸运，可以生在和平与低犯罪率的日本。他们应该充分享受这份幸运，离世时也应该感恩自己生在这个国家（图36）。

其次，日本应该设立"功劳省"并制定养老保障制度。目前日本政府设有面向所有人的厚生劳动省，而其他国家的类似部门基本为劳动者所设。随着少子老龄化的不断加剧，未来参加劳动的和不劳动的人员数量可能会趋同。不过，世界上没有哪个国家会为不劳动的人设立专门的部门。所以，日本也一样，要为劳动者设立"功劳省"，为他们制定养老保障制度，并负责他们退休后的生活保障。

---

[1] 社会安全网络，一般指政府主导形成的社会安全保障系统。

首相：紧要时刻，国家会负起责任照顾各位。政府已建好社会安全网络，请大家享受人生，尽情消费，不用存钱。

- 为使日本人产生消费欲望，必须让国民产生"我的人生不虚此行"的想法。
- 如果国民花光所有资金，因长寿导致资金不足，国家会提供养老金保障。
- 生病有医疗保险，需要护理可以使用护理保险。即使无法工作，花光所有积蓄，也可以领取养老金，维持基本生活。
- 仅是如此，就能缓解老年人的不安。

资料来源：大前研一著《消除老年不安与经济萧条》（《「老後不安不況」を吹き飛ばせ！》，PHP商业新书）

（a）首相向国民发表宣言

- 新设政府机关——功劳省，专门负责养老金问题和退休人员的生活保障问题。
- 引进面向老年人的养老保障制度。

- 覆盖老年生活中养老金不够的部分。
- 养老保障制度提供足够的资金，确保和维持《宪法》所保障的"在健康和文化条件下享有最低生活标准的权利"，直到死亡。
- 金额因地区和领取者的年龄而异，但接近目前最低生活保障标准（生活补助+住房补助）。

- 如果通过养老保障制度保障最低生活水平，即使人生百年时代来临，也不需要储蓄、养老金和保险，可以实现一生无忧的生活，消除养老的后顾之忧。

资料来源：小学馆《周刊邮报》2018年9月14日刊 作者大前研一

（b）功劳省与养老保障制度

图36　日本政府可采取的对策

养老保障制度的资金问题

有人会问，如何解决养老保障制度的资金问题呢？我希望日本金融厅提前计算，在这里我尝试做一个示范。

我说过，并非所有的老年人都缺少养老金。有双重保险的老年人，除了国民年金还有厚生年金，可以解决养老问题。困难群体是只有国民年金的那些老年人。

如图37所示，国民年金的第1号被保险人[1]有1471万人，其中存款不足2000万日元的有907万人。也就是说，没有养老保障就无法生活的人只有907万。日本政府让国民认为只有存下2000万日元养老金才能生存。这种想法不断蔓延，导致社会恐慌，但事实并非如此。

65岁以上的单身无业家庭每月的消费支出约为13.3万日元，而国民年金的人均领取额度为5.5373万日元，因此养老金无法覆盖的部分为7.7773万日元。也就是说，每月只要向907万人人均补助7.7773万日元，就能解决困难群体的养老问题。每年只要支出8.5万亿日元，国家就能承担全体国民的养老问题。

怎样才能拿出这笔资金呢？日本央行除国债外，还有其他资产。这些资产一般不会产生利润。如果拿出其中的15%投资机器人理财顾问，可以产生30.5万亿日元的收益。就算投资不当，只有5%

---

[1] 第1号被保险人，日本国民年金的第1号被保险人包括20岁以上、60岁以下的个体户、农民、学生、无业人员等。

| 国民年金的第1号被保险人 | 1471万人 | ※不重复计算，实际领取公共年金的人数为4051万人 |

（领取国民年金，包括个体工商户、农民、渔民等）

| 其中存款和储蓄低于2000万日元 | 907万人 |

（65岁以上的家庭中，储蓄金额在2000万日元以下的家庭占59.3%）

| 缺少资金 | 每月7.7773万日元 |

- 国民年金的平均领取额度为每月5.5373万日元。
- 65岁以上的单身无业家庭一个月的消费支出为13.3146万日元。

| 所需资金 | 一年8.5万亿日元 |

（907万人×7.7773万日元×12个月）

资料来源：厚生劳动省《厚生年金保险与国民年金业务概况》、总务省《家庭调查》

（a）缺少养老金的人数（推算）

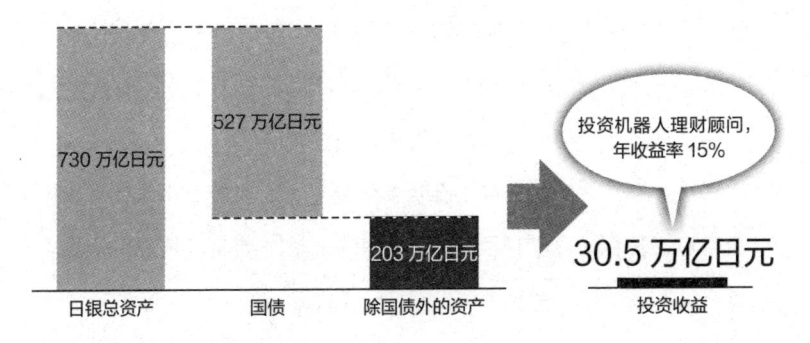

日银总资产 730万亿日元
国债 527万亿日元
除国债外的资产 203万亿日元

投资机器人理财顾问，年收益率15%

投资收益 30.5万亿日元

资料来源：日银《营业每旬报告》

（b）"养老保障金"的资金来源图示

图37　日本养老保障制度资金问题

的收益率，也有1/3的利润——10万亿日元。这样便可以实现收支平衡，也不会给任何人增添负担，从而确保养老保障制度的实行。

让专家消除经济担忧

政府还要培养更多专家，消除老年人对经济的担忧（图38）。

老年人时常会考虑"关键时刻"是否有钱，因此平时非常节俭。但什么时候才是"关键时刻"呢？很多人对此并无明确定义。此时，需要专家事无巨细地进行说明，"何种情况，国家会提供补助，可以直接领取""何种情况需要自己准备费用"等，否则国民不会感到安心。

有一部分人对老年生活感到不安，他们在为"关键时刻"存钱。我们希望让这部分人从存款里拿出一些钱用来消费或投资。此外，还可以让老年人体验各种资产增值的方法，让他们"放心""理解""享受"消费和投资。

一直以来，银行一般不会贷款给老年人。我曾经主张在日本推出带有逆按揭[1]、资产抵押债券[2]机制的金融产品。近年来，此类金融产品不断增加，老年人可以利用这些产品。

---

1 逆按揭（reverse mortgage），又名安老按揭、以房养老、倒抵押，是按揭（抵押贷款）的一种。借款人将其拥有的物业作为抵押，通过抵押贷款来提取现金。
2 资产抵押债券（ABS, Asset-backed security），也叫资产担保证券或资产支撑证券，是以资产（例如房地产）的组合作为抵押担保而发行的债券。

- 什么时候是"关键时刻"？大部分老年人无法回答这个问题。
- "关键时刻"的定义并不明确，所以没必要继续感到不安。

→

- 向国民提供相关咨询，消除"养老金不安"，使国民能够轻松接受。
- 为此，政府要培养有关方面的专家。

专家的作用
- 明确"关键时刻"的定义。
- "如果发生这种情况，需要多少资金解决问题"，专家仔细计算，回答疑问，消除不安。
- "这种情况，国家将提供这种补助"。
- "如果已经参加这种保险，就不必参加那种保险"等，让国民确认老后所需资金。

资料来源：大前研一著《消除老年不安与经济萧条》

（a）培养专家，消除"养老金不安"

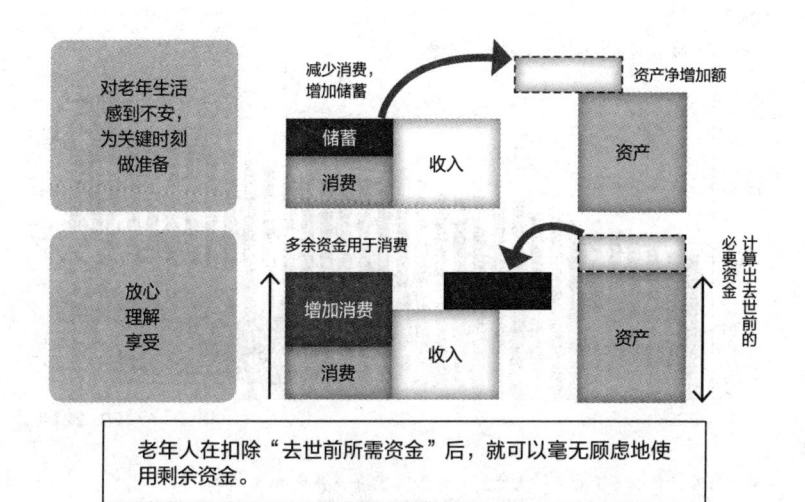

对老年生活感到不安，为关键时刻做准备

减少消费，增加储蓄
储蓄 / 消费 / 收入 → 资产净增加额 / 资产

放心 理解 享受

多余资金用于消费
增加消费 / 消费 / 收入 → 资产

计算出去世前的必要资金

老年人在扣除"去世前所需资金"后，就可以毫无顾虑地使用剩余资金。

（b）安心享受余生，增加消费

图38 政府消除老年人的经济担忧的方法

个人金融资产需要高利率

请看图39，日本家庭的金融资产变化趋势。日本家庭的金融资产达到2000万亿日元，现金存款也超过1000万亿日元。1000万亿日元，就算人均下来也是巨额资产。5%的利率就有50万亿日元，接近国家预算的一半。如果将50万亿日元用于消费，肯定会振兴经济。所以，利率越高，日本的经济就会越好。

2000万亿日元的家庭金融资产中，超过一半是储蓄资产，若想消除对未来的不安，需要将个人资产投入市场

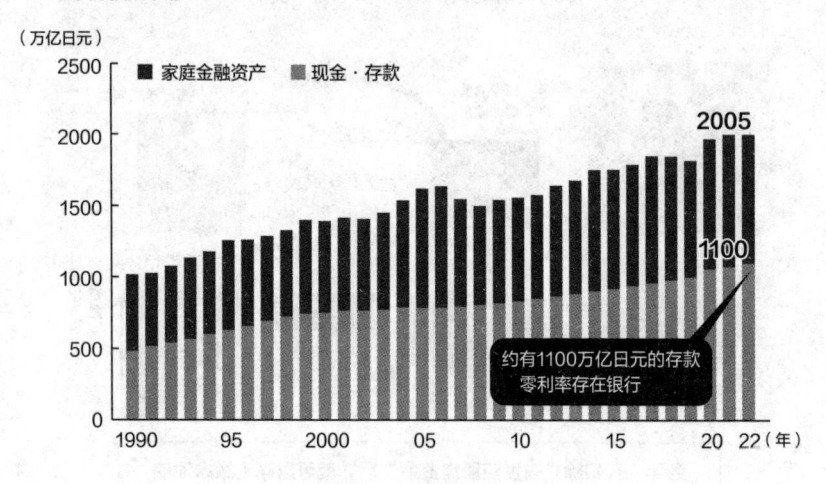

资料来源：日银《资金循环统计》（截至2022年9月底）

图39 日本家庭的金融资产变化趋势

但为什么有人认为利率越低越好呢？这是因为利率上调会导致无法偿还贷款的企业破产。延期还款法（中小企业金融便利化法[1]）实施后，当时的金融担当大臣龟井静香推行延期还款制度，一些业绩复苏无望的企业才得以生存。政治家被企业牵着鼻子走，却看不见不发声的国民。政府为企业实行着低利率政策，可对于国民来说，利率是越高越好。

实际上，"安倍黑田"的目的就是拯救负债的企业，虽然他们也说要增加GDP，但结果并没有变化，最终只是将日本优质的个人金融资产变得毫无价值。

容积率倍增很有效

下一个问题，如何才能让个人金融资产流入市场呢？

第一个做法是成倍增加容积率[2]。关于这一点，我已经提及多次。图40显示，与世界其他大城市相比，东京的容积率还很低，可以适当增加部分城市和地区的容积率。

此外，日本的建筑还存在斜线限制[3]。1967年～1979年，美浓部亮吉担任东京都知事时，为维护被邻近高楼遮挡而背阴的建筑，

---

1 中小企业金融便利化法，日本于2009年开始实施的法律，由鸠山由纪夫内阁时期担任金融担当大臣的龟井静香主持。该法律规定，中小企业及偿还住房贷款困难的群体可以提出申请，延期还款。
2 容积率，总建筑面积与建筑用地面积的比率。容积率越低，居民的舒适度越高，反之则舒适度越低。
3 斜线限制，指限制建筑物各位置高度以确保采光和通风，从而保持良好环境。

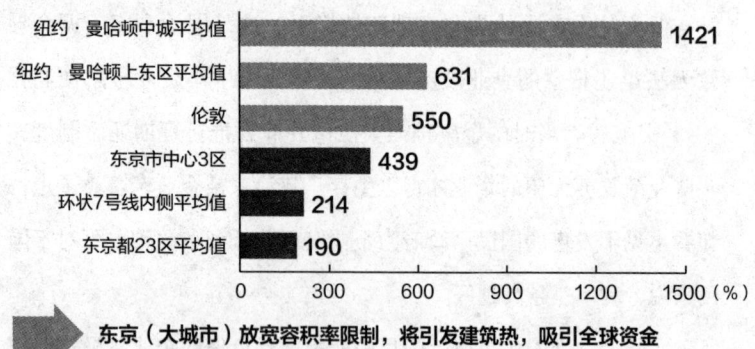

区域	数值
纽约·曼哈顿中城平均值	1421
纽约·曼哈顿上东区平均值	631
伦敦	550
东京市中心3区	439
环状7号线内侧平均值	214
东京都23区平均值	190

➡ 东京（大城市）放宽容积率限制，将引发建筑热，吸引全球资金

资料来源：东京都城市规划审议会、森大厦城市再生项目组"城市的力量：摩天大楼丰富生活"、国土交通省《首都高速公路再生专家会议 提议书 参考资料集》

图40　都市圈的容积率比较

使用了日照权[1]的概念，要求建筑物在可能范围内保持倾斜角度。不过，目前只有日本和韩国有日照权的说法。如果在高楼林立的纽约讨论日照权，那就不用盖楼了。追求阳光，可以去乡下，住在纽约还奢求什么阳光呢？

因此，只要放宽容积率的限制，土地就会升值。建蔽率[2]也是如此。增加容积率与建蔽率，就可以提高土地价值，所以要引进资产抵押债券。简言之，政府应该放宽容积率的限制，重建占地面积

---

[1] 日照权，指确保建筑物日照的权利，该概念由日本法政大学法学部的教授五十岚敬喜倡导并确立。

[2] 建蔽率，指建筑物最大的水平投影面积与建筑基地面积之间的比率。用于限制建筑物的规模，确保城市的美观和安全性，同时保留必要的户外空间。

两倍以上的建筑，增加的楼层作为公寓出租，这样就可以从租赁中获得现金收入。以这笔收入作抵押，贷款重建房屋，既不影响存款也不需要个人担保，就可以将原先的房屋面积扩大两倍。

这么做有两个优点。第一，大城市附近会掀起建房热潮。第二，资金会逐渐流入市场。

上述做法与以往的做法大不相同。一直以来，人们用来抵押贷款的往往是自己辛苦赚来的资产或者人身保险，但现在抵押的是新建筑中产生新价值的部分楼层。人们可以继续住在家里，利用房屋资产抵押贷款。如果签约人去世，还可以使用逆按揭偿还贷款。这种制度正在逐步推行。

为何日美的养老资产相差10倍？

另一个关键在于"投资"。

日本人对投资不太感兴趣。不过，想要更好地享受人生，投资是最好的方式。

WealthNavi金融科技公司的创始人柴山和久，在东京大学毕业后进入财务省工作，后来跳槽到我的老东家麦肯锡咨询公司。他有非常典型的精英履历。与美国妻子结婚后，他发现日美两国同一阶级的老年人，其养老资产存在着巨大的差距。他的父母和岳父母同为中产阶级。其父母的资产是日本人的平均值，约2000万日元左右，而其岳父母的资产竟然是他们的10倍。柴山调查以后发现，差距的原因在于两者的投资方式不同，而非收入差距。

日本人把全部闲钱存入银行或邮局[1]，其资金不会增加。而美国人把资金分散投资在股票、债券上，从而实现盈利。因此退休以后，二者之间就出现了10倍的资产差距（图41）。

于是，柴山便萌生了创立机器人理财顾问公司的想法。因为银行、证券公司等金融机构的工作人员时常出现理财失误，但柴山公司的机器人可以在全世界进行投资，实现资产的自动增值。他的公司已经上市，并成为运营6000亿日元资产的日本头部机器人理财顾问公司。

图41显示，日本人的个人金融资产主要是存款和储蓄，占55.5%。而美国人把钱投资在股票、债券、保险和养老金上。不同的投资方式，导致两国的养老资产相差10倍。

将住房投资与书房纳入预算

最后一条是实现"享受人生"的方法。

我在几十年前曾经提过，个人投资、翻新或扩建重建房屋时，应该允许固定资产折旧，并将折旧资产从所得税中退还（图42）。这样可以10年不用缴税。

用这些退税就可以布置一间漂亮的书房，而不用在宜得利

---

[1] 邮局，指邮局账户，是在日本邮政银行开设的银行账户，日本邮政银行是日本主要的储蓄机构。

日本人和美国人持有的养老资产事例

日本夫妻
- 双职工家庭，在金融机构上班。
- 用退休金还清住房贷款后，还剩好几千万日元。
- 可以说是"得天独厚的阶层"。

美国夫妻
- 丈夫是公务员，妻子在石油公司上班。
- 年轻时开始积攒全部闲置资金，并分散投资全球的股票和债券。经过30年的投资管理，这些资产逐渐增加，退休时甚至可以实现资产过亿。

> 年龄和学历相差无几的日本夫妻与美国夫妻，养老资产却相差10倍。

日美个人金融资产明细

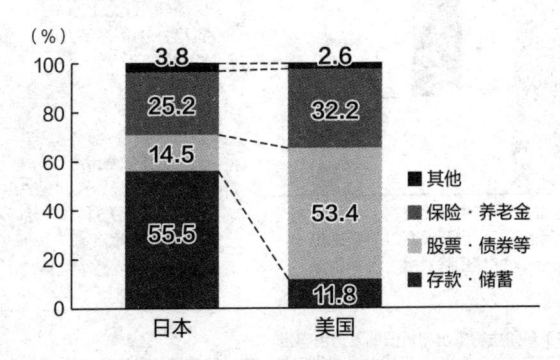

	日本	美国
其他	3.8	2.6
保险·养老金	25.2	32.2
股票·债券等	14.5	53.4
存款·储蓄	55.5	11.8

- 从日美个人金融资产明细来看，主要原因在于投资方式不同。
- 日本投资最多的是"存款和储蓄"，超过半数。
- 美国则是"股票和债券等"占半数，"存款和储蓄"仅占约12%。

资料来源：WealthNavi "WealthNavi's History 柴山和久 / WealthNavi CEO"

图41 日美养老资产差异

图示 新建、扩建和翻新的房屋折旧

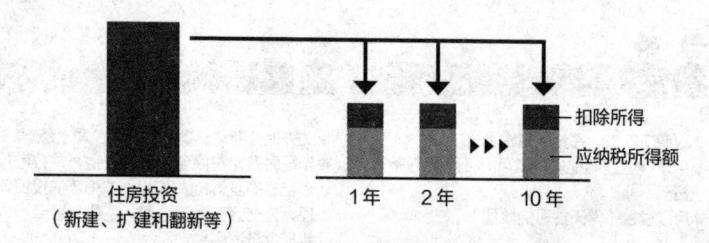

住房投资
（新建、扩建和翻新等）

1年　2年　10年

扣除所得
应纳税所得额

- 允许新建、扩建或翻新后的房屋在10年内进行固定资产折旧。
- 建筑费用分10年计算，视为"当年的损失"，从收入中扣除。
- 如此一来，未来10年，所得税几乎为零，谁都可以考虑购买、重建或者翻新住房。

图示 书房减税

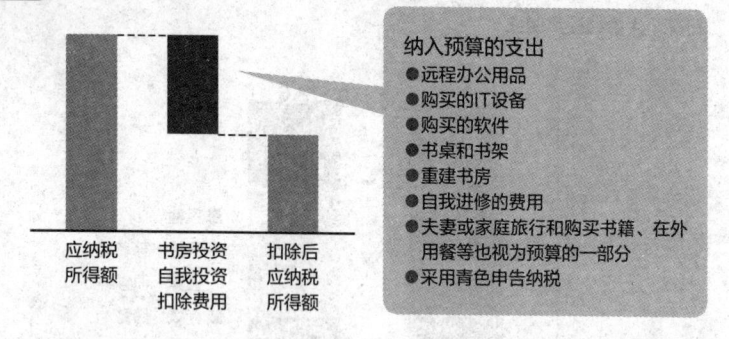

应纳税所得额　书房投资自我投资扣除费用　扣除后应纳税所得额

纳入预算的支出
- 远程办公用品
- 购买的IT设备
- 购买的软件
- 书桌和书架
- 重建书房
- 自我进修的费用
- 夫妻或家庭旅行和购买书籍、在外用餐等也视为预算的一部分
- 采用青色申告纳税

- 允许工薪阶层将支出和折旧纳入青色申告。
- 如果工薪族有一间用于远程办公或学习的书房，除房间的装修费用外，个人电脑、软件、书桌、椅子、书架等费用都可以作为必要支出，从所得税中退还。
- 在附近租用公寓作为书房的费用也可作为预算。
- 鼓励自我投资，确保花钱时能获益。
- 如果为孩子进行IT投资，如书房、购买书桌、电脑等，也可以减税或退税。

资料来源：BBT大学综合研究所根据大前研一著《最强国家日本的设计图》（《最强国家ニッポンの設計図》，小学馆）制作而成

图42　房屋折旧与书房减税

（NITORI）[1]或Home Center[2]拼凑一间"简陋的书房"。

图42有书房减税的案例。美国的工薪阶层声称"自己赚取工资是在家里学习的缘故"，他们会计算一间外租的书房费用，并要求相应额度的退税。根据上述做法，我们可以将书房里的一切物品都纳入"预算支出"，比如远程办公用品、IT设备、软件、书桌和书架，而书房重建、自我进修和其他费用都可以算作减税的一部分。这就是书房减税。

很多日本家庭会给小孩留一个房间。其实，在孩子身上投资很难有所回报，还不如投资自己。在美国，这些投资都会在税制上有所体现。日本以前成立过"上班族新党[3]"，要求"给西装费用退税"。其实退税没必要做到这种程度，跟青色申告[4]差不多就行，就像个体户会把支出当作经费计算一样。

日本人总是担心老年生活没有保障，所以选择不断工作。因此有必要向他们提议"享受人生的方法"。这个时代需要有多种兴趣爱好，如果只是爱好"看电视"，就太让人遗憾了。

为了让人们更好地享受兴趣爱好，政府应该制定政策增加娱乐休闲的空间。比如可以将不再进行基础设施投资的渔港打造为游船

1　宜得利（NITORI），日本家居连锁企业。
2　Home Center，日本的家具零售店，主要销售日用杂货及房屋相关的材料工具。
3　上班族新党，1983年由青木茂组建的日本工薪阶层同盟，于2010年解散。
4　青色申告，日本的一种纳税申报制度，要备齐政府所指定的账簿资料且符合条件才可申告。必须事先向税务署申请认可，若获得认可，就可适用特殊退税条例，以及申告时可扣除前年损失金额等对己方有利的措施。

或垂钓的海边娱乐空间。

另一方面，个人应该怎么做呢？我在《想做就做》（《やりたいことは全部やれ！》，讲谈社）中说过，日本人要充实自己的第二人生，可以根据"室内/户外""独处/群聚"等各种场景，培养20个兴趣爱好。如果日本人能够享受更多的兴趣爱好，像意大利人那样保持"度假优先"的态度，那么这个国家就会发生改变。

大前研一"21世纪型经济理论"总结

当今世界，尽早理解第四次浪潮，适应网络社会（人工智能及智能手机社会）的企业与个人将胜出。

由于日本政府继续维护工业社会的规则，因此日本很难进入下一次浪潮，也无法培养出开辟新时代的人才。

日本政府仅凭"2007年出生的孩子有一半会活到107岁"的说法，就以偏概全，过分强调"人生百年时代"，从而加剧国民对未来的不安。

日本政府过分放大2000万日元养老问题，让国民对未来感到悲观。

日本进入低欲望社会，市场进一步萎缩。在此现状下，无论实施何种经济政策，都不会有明显的效果。

当前最有效的方法是上调利率，通过向持有个人金融资产的国民返还现金的方式促进消费。日银主导的超宽松货币政策令日元不断贬值，是错误的做法。

所谓的"人生百年时代"是政府的错误言论，相信各位不会深陷其中，所以现在就开始培养自己的20个兴趣爱好吧。

（节选重编自2022年3月向研会的研讨会内容）

以上是"人生百年时代国家战略"的主题报告。

下面，我会以过去的连载报道为基础，聚焦更具体的主题和观点展开论述。其中部分资料和数据与研讨会的内容有所重复，望各位读者谅解。

提议1
经济新常识——"利率上调则经济复苏"

日银总裁黑田东彦加速日元贬值

物价高涨，能源价格飙升。日本的CPI以2020年为基数值100，2022年12月的CPI，除价格波动较大的生鲜食品以外，综合指数达到104.1，再创历史新高，较去年同比上涨4.0%。汽油价格居高不下，政府不断发放补助。

截至2022年12月21日，帝国数据银行[1]以105家主要食品公司为

---

1 帝国数据银行（Teikoku Databank），日本国内最大的信用调查公司。

对象进行调查，结果显示：2022年累计有20822种食品价格上涨，价格平均上涨率为14%。

物价上涨的根本原因在于俄乌冲突、新冠疫情的长期化和日元的不断贬值。而资源和原材料进口成本上涨，贸易收支恶化，又进一步导致日元贬值，从而陷入恶性循环。

宏观经济学家提出"日元贬值对日本经济有利"，我对此持反对意见。最近几年，日本的进出口基本持平，所以日元无论贬值还是升值，都对贸易收支没有影响。

另一方面，日本的出口力度正在下降。2022年的出口额为98.1860万亿日元，进口额为118.1573万亿日元，赤字规模为19.9713万亿日元，继1979年之后，再创历史新高。

日银总裁黑田东彦促使日元加速贬值。目前，欧美国家的中央银行为抑制通货膨胀正在相继上调银行利率。美国联邦储备委员会从2022年3月开始，一年内上调利率8次，利率提升至4.5%～4.75%。欧洲中央银行在此期间上调利率5次，利率提升至3%。

日银是欧美日中唯一不上调利率的中央银行。黑田东彦在金融政策决定会议后的记者会上表示，将继续采取量化宽松的货币政策。至于理由，他表示，"上调利率或者收缩金融，会进一步增加经济的下行压力"，"阻碍日本经济从新冠疫情中复苏，导致经济进一步恶化"。

他的理由真的正确吗？答案是"NO"。

黑田东彦是一名学习过20世纪凯恩斯主义经济学的宏观经济学

家，所以他根据过去的理论，认为上调利率会导致经济恶化。这是错误的看法。

就像现在的日本，有2000万亿日元的个人金融资产，但其中一半以上都是存款或现金。对于这种储蓄过剩的国家，凯恩斯主义经济学是没有效果的。就算通过超宽松货币政策继续实行零利率政策，印发大量货币流入市场，也不会刺激消费。日本是低欲望社会，持有金融资产的富裕阶层和受"人生百年时代"威胁的老年人都在勒紧腰包，无法促进消费。日银总裁黑田东彦实行超宽松货币政策已有10年，可经济并没有好转。

与此相反，如果上调利率会怎么样呢？利率上涨促使储蓄增加，人们有了余钱才会打开钱包，增加消费，从而促进经济发展。因为心理上感到从容，所以他们的行动也会发生变化。

我是一名学过核工程学的"物理人"，喜欢用物理的思维方式分析经济现状。我认为上调利率是日本经济复苏的最优解，除此之外别无他法。黑田东彦只学过100年前的经济学，所以他无法理解21世纪的新经济机制。那时的企业和个人，都处于资金短缺的状态。

如果上调利率，会有30万家僵尸企业陆续倒闭。这些濒临破产却依靠银行和政府救济存活的企业，一直以来都是靠着前金融担当大臣龟井静香的延期还款法和零利率政策苟延残喘。让这些企业继续存在，只会拖累日本经济的发展。

据我所知，那些用心经营企业的日本经营者，并不认为上调利率后公司会陷入困境，因为日本的银行缺少贷款对象，它们会以0.5%的超低利率向财务健康的企业提供贷款。与发行公司债券、股票相比，企业从银行贷款筹措资金的成本更低，这种情况即使利率上调也不会改变。

美国上调利率的意图

如果利率达到5%，2000万亿日元个人金融资产取得的100万亿日元利息就会流入市场。岸田文雄将其称为"资产收入倍增计划"，他打着"储蓄转投资"的口号，宣传少额投资免税制度（NISA）[1]和个人缴费确定型年金（iDeCo）[2]。这种低效的做法，当然无法改变日本的经济现状。振兴日本经济，富裕阶层和老年人的储蓄存款利息必须流入市场。因此，上调利率才是最有效的做法。

美联储为抑制通货膨胀，1年内大幅上调利率，其利率超过4%。但通过上调利率抑制通货膨胀的做法实在老派。在无国界经济的背景下，全球资金都会涌向高利率且制度完善的国家，曾经的克林顿政府已经证明过这一点。上调利率，吸引全球资金，会让股价不断上涨，经济不断发展，从而迅速实现财政盈余。

---

[1] 少额投资免税制度（NISA），日本政府推出的一项税收优惠措施，鼓励进行股票、基金等金融投资增加养老资产。

[2] 个人缴费确定型年金（iDeCo），日本年金制度中的一种，是区别于公共年金的私人年金制度，其投资所得利润部分免税。

对于美联储主席杰罗姆·鲍威尔（Jerome Powell）上调利率的做法，坊间有两种评价：一种评价认为，鲍威尔上调利率是为了抑制通货膨胀，他与黑田东彦一样，用的是过时的理论；另一种评价认为，鲍威尔抑制通货膨胀只是幌子，其真实意图是通过上调利率吸引全球资金，他的做法实际上很聪明。

日银总裁黑田东彦照搬过时的理论，加速日元贬值，不断让资金流出日本。他在2023年4月任期结束前，都在推行超宽松货币政策。他的做法会使日本落后于世界潮流，甚至走向衰退。其超宽松货币政策前后实行了10年，在此期间，日本经济持续遭到破坏，日元不断贬值。黑田东彦对此应负有不可推卸的责任。

提议2
给沉默的大多数的提案

为何自民党会"政治分肥"？

2022年7月的日本国会参议院议员选举中，自民党大获全胜，在野党阵营"自取灭亡"。其中，前首相安倍晋三枪击案的影响不小。

支持自民党的团体主要是支持传统法律法规的既得利益者，比如日本农业协同工会、日本全国渔业协会联合会、日本医师会、日本经济团体联合会等。这些团体主要由"喧嚣的少数派"组成。自民党的政策必须迎合各方支持者的要求。

喧嚣的少数派，其对立面是"沉默的大多数"，也就是工薪阶层、零工、兼职等依靠工资收入的群体。原本需要有政党为"沉默的大多数"代言，由于在野党的变化频繁，所以代言的责任便交由中央劳工组织——日本工会总联合会[1]（简称"联合"）承担。

"联合"现任会长是芳野友子。她与自民党关系密切，而与在野党保持着距离。"联合"组织2022年出台了一系列普惠而抽象的政策，如"新冠疫情下的就业与生活对策""个人编号制度的进一步利用""实现男女平等且承认多样性的社会"等，好像在罗列政府的政策。这让人感觉到他们对工作的怠慢，因此芳野友子也被讽刺为"劳动贵族"。

为了"沉默的大多数"，"联合"组织应该出台怎样的政策呢？我个人想到了21条提案。原本应该通过修宪进行彻底调整（我自己是"创宪"派），但由于修宪仍在讨论，现在只能通过税收进行调整。

具体办法如下：让工薪阶层等工资收入群体与喧嚣的少数派一样，也使用青色申告。他们原本需要根据自己的收入扣除相应税款，但在青色申告制度中，收入扣除全部预算后的部分才需要纳税。

---

[1] 日本工会总联合会，全日本工会的中心。

例如，农民购买幼苗、肥料和农药的费用，农机农具的购入费和租赁费，拖拉机和塑料大棚的燃料费，小型货车的车检费和汽车的相关税费，购买工服的费用，参加研讨会的报名费和交通费，以及贷款利息等都可以算作预算。

如果是个体医生，为修缮医院购买的医疗器械及备件的费用（不超过30万日元）、家人在自家医院兼职的工资、应酬费、福利待遇、会议费和旅费等都能算作预算。

只让喧嚣的少数派享受税收优惠很不公平，工资收入群体同样也适用这种税收制度。接下来，我会按顺序一一阐述。

给父母的生活补贴也应纳入预算

一、退还与教育相关的学校费用，奖学金[1]在还清前可以纳入预算

因为接受过教育，纳税人才能达到目前的工资水平。因此，与教育相关的学校费用可以按照一定标准返还，奖学金在还清前也可以纳入预算，从收入中扣除。最近，无须偿还的发放型奖学金正在增多，但我不太认同这种做法。接受奖学金是因为自己想要学习，所以理应负起责任偿还。不过，奖学金不用纳税。

---

1 奖学金，日本的奖学金分为两种，一种是面向学术研究能力突出或成绩优秀的学生，无须偿还的发放型奖学金；另一种是面向经济困难的学生，需要偿还的借贷型奖学金。

二、购买工作用的书房、书桌、椅子、电脑、打印机等费用可以纳入折旧费或预算

这一条与我提倡的"书房减税"有关。工资收入群体如果拥有多位家人，那么家人也可以采取相同的处理方式。

三、将住房相关成本纳入折旧费或预算

购买住房允许折旧，住房贷款的利息和房屋修缮的费用可以算作预算。如果租房，那么房屋租金、电费、煤气费等支出也可以从收入中扣除。美国正在使用这套制度，所以住房的相关消费十分旺盛。

四、为全职主妇或全职主夫制定"家庭内部工资"

将家务和育儿需要的回报（家庭内部工资）视为预算。最多可以扣除配偶50%的工作收入（比例由夫妻二人共同制定）。

五、包括家人在内的旅行费用可以纳入预算

旅行或出差是增加自身见识的宝贵机会。家庭旅行可以使家人之间的联系更加紧密，也能大幅拉动经济效益。不过，惠及国民的全国旅行支援[1]政策并不可取。

六、与家人外出用餐的费用可以纳入预算

随着外出用餐增多，餐饮店有利润，消费也会扩大。青色申告中只承认与客户用餐可以纳入预算，但基本忽略了与家人外出用餐的费用。

---

[1] 全国旅行支援，受新冠疫情影响，日本国内旅游业和交通业持续低迷，政府为推动该产业发展，出台了"全国旅行支援"政策，补贴日本国内游。

七、孩子的教育费用[1]可以纳入预算

这是理所当然的事情。我认为应该废除国立、公立学校[2]，构建全新的教育体系。在这个体系里，可以发放学费券，凭票券可以去任意一所学校学习。日本的教育应摆脱文部省的管束。

八、如果子女升学到离家较远的地区，其生活费从父母的收入中扣除

子女升学到离家较远的学校，会加重父母的负担，所以要减轻这部分负担。

九、给父母的生活补贴从子女的收入中扣除

与"八"相反，子女给父母的生活补贴，从子女的收入中扣除。我也会给自己的父母汇款补贴他们的生活。因为未来老龄化趋势会更加严峻，所以不仅要有行政对策，也要有税收对策。

十、高于标准规格的大型住房和第二套住房等的优惠政策

高于标准规格的大型住房优惠政策，是日本人摆脱兔子窝的重要举措。因此，修建比标准住房土地面积或占地面积更大的住宅时，需要税收上的优惠。由于欧美国家的公民会去获取第二套、第三套房子（别墅），所以他们的经济得到了极大的发展。如果在日

---

[1] 孩子的教育费用，指如家教、补习班、参考书等费用，"一"中的学校相关费用除外。
[2] 国立、公立学校，日本的学校有国立、公立与私立之分。国立学校指由国家出资设立并运营的学校；公立学校指由都道府县或市、区等地方政府或公共团体出资设立的学校；私立学校指由民间经营者，如团体或企业所运营的学校。

本引发这种热潮，经济会蓬勃发展，就能走出低欲望社会。不过，如果把房子挂在爱彼迎等平台上赚取利润，就要扣除所得收益。

应对少子化挑战

十一、怀孕、生育等全部预算都纳入医疗费用的报销项目

现在，怀孕的女性1年要花费10万日元以上的医疗费用（年收入不到200万日元时需花费收入的5%）。定期检查的费用和往返医院的交通费都会纳入医疗费用的报销项目，不能纳入报销项目的部分也被视为预算纳入报销范畴，比如验孕棒和接种费用、回老家分娩的交通费、住院时的睡衣和洗漱用品的费用、婴儿的尿布费和奶粉钱等。为了应对少子化，本项与纳税人的收入无关，适用于所有符合条件的人。

十二、生1胎，所得税减半；生2胎，第2个孩子6岁前，无须缴纳所得税；3胎及以上，政府发放补贴

法国是成功应对少子化的少数几个国家之一。该项是参考法国"N分N乘方式[1]"后制定的税收制度，孩子越多的家庭，享受到的福利就越多。第3胎后，政府将给子女每人发放10万日元，最小的孩子满6岁后才需缴纳所得税。之所以定在6岁，是因为小学和初中在国立、公立学校就读的话，就不需要学费。如果家庭年薪不满

---

[1] N分N乘方式，以家庭为单位缴纳收入所得税，而非以个人为单位的纳税方式。N表示人数，家庭收入所得除以家庭人数为N分，计算税额后乘以家庭人数则为N乘。

910万日元，包括私立院校在内的高中也可以免费入学。只有采取强硬手段，才能阻止少子化现象的加剧。

十三、驾驶私家车上下班产生的折旧费、租赁费、汽油费、车检费、保险费、税费、停车费等可以纳入预算

农民、渔民、个体工商户等用于业务的小型货车等车检费用和汽车相关税费可以纳入预算。所以驾驶私家车上下班产生的费用也同样可以纳入预算。

十四、养老保险等可以纳入预算

人生百年时代的老年生活只靠政府提供的公共养老金是不够的。除养老金外，30年的老年生活还需要2000万日元。为了应对2000万日元养老问题，除了公共养老金，还需要在年轻时加入个人养老保险。癌症保险和医疗保险也不可或缺，这些保险费用都可作为预算，从收入中扣除。

十五、家政和看护等费用可以纳入预算

家政或看护的费用也可以从收入中扣除。这样可以减轻部分家庭的负担，比如双职工家庭、单亲家庭，以及父母上了年纪需要看护的家庭，让全职主妇或全职主夫也可以出门工作。与此同时，可以学习新加坡、中国香港、迪拜等地的做法，大量引进外国的家政和看护人员。

十六、不分持有年限，房地产的资本利得税一律定为20%

泡沫经济时期，房地产盛行短期转卖规定，并且这项规定至今

依然存在。出售个人持有的房地产时，资本利得[1]需要与其他收入分开纳税。从出售当年的1月1日起，持有年限超过5年算长期转让收入，按20%纳税；不足5年算短期转让收入，按39%纳税，翻了近一番。应该无视持有年限，一律按20%处理。

十七、取消银行存款的利息税

银行的存款利率少得可怜，却要征收20%的税，着实荒唐。应该立即取消。

如何驱动富裕阶层的资产

十八、取消金融资产投资利得税

目前，股息红利、转让收益等金融资产投资获得的利润需要缴纳20.315%的税。

岸田文雄的标志性政策是资产收入倍增计划，这也是新资本主义的核心内容。该计划旨在将超过1000万亿日元个人金融资产的存款现金转为投资。既然如此，就应该取消金融资产投资利得税。如果维持现状，就无法转变国民思想，也无法将储蓄转为投资。

十九、向家乡及特定地方政府的捐款从收入中扣除

取消让日本人精打细算的故乡税[2]。只要向自己的家乡或想要

1　资本利得，以低买高卖的方式，赚取差价获利的一种投资方式。
2　故乡税，日本为缩小城市之间的差距，于2008年5月推出的一种捐赠税制，鼓励国民向故乡捐款。

帮助的地方政府捐钱，就能从收入中扣除。

二十、向国家、地方政府、非营利组织（NPO）、非政府组织（NGO）等捐款，可免缴相当于捐款金额10倍的遗产税

例如，向国家捐款1亿日元就可以免缴10亿日元的遗产税。如果出台此项政策，大部分富裕阶层至少会捐赠10%的所持资产。

这是因为，法定继承金额超过1亿日元，遗产税率会从40%升至55%，每增加1亿日元，税率就增加5%。如果继承金额为10亿日元，则必须缴纳5亿5000万日元的税款，很多富裕阶层移民到新加坡和澳大利亚等地，就是为了避免遗产税。

如果捐赠10%的所持资产，剩下的90%便无须缴纳遗产税。这样，日本的富裕阶层就没有后顾之忧，可以在日本愉快地安居和消费。

二十一、为贡献国家的纳税大户创建奖励制度

例如，纳税人在50岁之前，除消费税外的总纳税额达到1亿日元，60岁之前达到2亿日元，70岁之前超过3亿日元，那么可以终身免缴所得税。

不过，为了满足该条件，纳税人需要从年轻阶段就赚取可观的收入。如果可以终身免缴所得税，会让他们产生积极纳税的动力。这也是驱动富裕阶层资产的有效手段。

如果能够落实上述21条提案，"沉默的大多数"一定会富裕起来。

有人可能会问,整体的税收是否会减少呢?我并不担心。因为落实这些提案后,个人金融资产将流向市场,消费会不断增加,经济会不断繁荣,日本也能摆脱特有的"疾症"——低欲望社会。减少的所得税和遗产税,可以通过增加的消费税抵消。

也有人对此提出异议,不过重要的是尝试,等待5年以后再讨论结果也不迟。

虽然"联合"组织尚不清楚自己存在的目的,但我还是希望它可以带领"沉默的大多数"勇往直前。

第3章

生存的关键在于"极致型"
将自身优势发挥到极致

超越"选择与集中"的经营方式

日本企业的衰退情况令人震惊。曾经的日企稳居全球市值总额排名的前10，可今天就连排名日本第1的丰田汽车都跌到了第40名（2022年）。

日本最尖端的独角兽企业也不多。序章中说过，日本政府似乎有一丝期待，希望通过设立初创企业担当大臣积累投资资金，这样，初创企业就会陆续出现，进而发展为独角兽企业。日本经济团体联合会[1]也设立了5年目标，要将初创企业和独角兽企业的数量增加10倍。从现状来看，这些不过是痴人说梦。

第四次浪潮来临，许多日本企业却仍沉浸在第二次浪潮的成功经验中，无法推动新的改革。它们无法顺应时代改革，也就在全球竞争中失去了位置。网络社会的主导企业都是"极致型企业"，即在某个领域拥有极致优势的企业。事实上，谷歌、苹果、脸书、亚

---

[1] 日本经济团体联合会，以日本大型企业为中心组成的经济团体。

马逊、微软已经将自己的优势极致化，它们以压倒性的规模在看不见的大陆称霸。

提到极致型企业，可能有人会想起日本企业V型复苏时的关键词——选择与集中[1]。不过，企业的选择与集中往往聚焦眼下赚钱的业务上。即使短期业绩好转，也未必能够长期生存。

如何才能明确自己的业务领域，并在该领域成为拥有极致优势的极致型企业呢？下面我将站在企业经营者和领导层的角度，谈谈他们需要什么样的战略。

主题研讨

将企业优势发挥到极致的经营战略——21世纪型经济理论③

经营者需要"想象力"

其实今天的话题与经营者的个人风格、思维方式和做事方法有关。因此，我会结合他们的逸闻趣事，对其进行立体式呈现，这样会比较生动。

就日企而言，迄今为止，经营者的风格都比较温和，他们是"以和为贵"的形象。其中许多人都是接受工业社会的日本教育长

---

[1] 选择与集中，将资金集中于核心业务，提高经营效率，谋求业绩上涨的一种经营方式。

大的。

然而到了21世纪，我们所处的环境完全不同。其一，是网络社会。进入未知的世界时，你需要具备看见这个世界的能力，也就是想象力。

其二，是无国界经济。你要正视这个与过去完全不同的无国界世界。

其三，是多元经济。20多年前，我曾写过一本书，名为《看不见的新大陆》(《新・資本論：見えない経済大陸へ挑む》，东洋经济新报社)。书中提到，多元经济利用股票收益率等财务武器收购其他公司或者进行风险投资，在新的经济环境里，只有战胜其他公司才能生存。

经营者必须认准方向。经营企业需要敏锐的判断，明确的前进方向，这样才能吸引客户。

能做到这些并不容易，因为需要具备超越传统思维的能力。过去的经营方式属于"均衡发展型"，也可以说是平衡发展，但现在不同，只有极致的经营风格才能成功，因此需要放下均衡型的思维方式。至于经营者的类型，过去日本企业不太重视的"极致型人才[1]"将成为香饽饽。

有人会说："性格怎么改变呢？"如果你无法改变性格，就要

---

1 极致型人才，指可以坚持自己的想法和观点，并清晰表达出来的人才。由于这种特点，他们很容易与周围人发生冲突，比如同事或者上司。而且他们做事迅速果断，使其在人群中显得与众不同。

为公司引进这类性格的人才,并学会与他们和谐共事。

关注企业极致优势的背景

大家可以看到,第四次浪潮的特点是出现了大量与过去完全不同类型的企业,它们正在全球市场快速扩张。典型的代表有美国的谷歌、苹果、脸书、亚马逊("GAFA"),中国的百度、阿里巴巴、腾讯、华为("BATH")。

"GAFA"是平台型企业。1995年~1999年,我曾留意过"平台"这个概念,并在《看不见的新大陆》第2章里写道:"平台创造财富。"我相信,这是第一本在企业经营领域使用"平台"一词的书。现在这句话已经成为常用的经济用语。从后来的发展情况来看,"平台"确实十分强大(图43)。

平台意味着人员聚集、交通汇聚。平台企业,首先需要创建业务。有了业务,才能利用强大的"平台"进入"看不见的大陆"等新的经济领域。

不愿改变工业社会经营习惯的企业,很难在新的经济领域中开拓客户,也很难在激烈的竞争中脱颖而出。

"GAFA"不断打破行业壁垒

"GAFA"是平台企业的典型代表(图44)。

比如,谷歌的优势在于免费搜索。夜里人们入睡时,它通过全球网络收集信息,并将其进行分类整理。人们要搜索某个词条,它

诞生于第二次浪潮的近代企业，历经"扩大规模"和"选择与集中"的时代，正在逐步转型为新组织形态

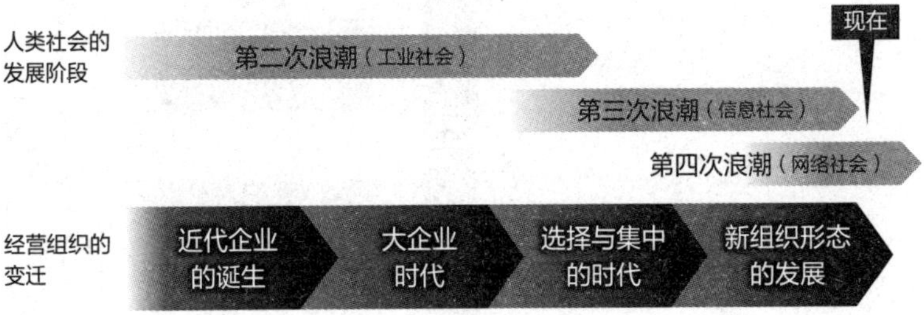

人类社会的发展阶段	第二次浪潮（工业社会）		第三次浪潮（信息社会）	现在 第四次浪潮（网络社会）
经营组织的变迁	近代企业的诞生	大企业时代	选择与集中的时代	新组织形态的发展
年代	19世纪后半叶	20世纪中叶	20世纪后半叶	21世纪前半叶
经营环境	市场化 经济发展	全国化 经营专家 《日本第一》	国际化 金融市场发达 出现因特网	全球化 信息技术进步 智能手机、社交媒体的普及 人工智能、物联网、区块链
组织形态	以小规模为中心 部分大规模化	以大规模为目标 多元化 垂直整合	以大规模为目标 专业化 水平整合	大规模和小规模 灵活利用外部资源 分散合作生态系统
事例	国营企业 财阀 个人商店	系列* 综合型企业 综合电机 综合贸易公司 百货商店、大型超市（GMS）	专业型企业 原始设备制造商（OEM）、电子制造服务（EMS）、自有品牌专业零售商（SPA）、便利店	平台企业 中美IT企业 独角兽企业

*系列（keiretsu）指日本式的企业组织，由不同公司组成的业务结构，包括银行、制造商、分销商和供应链合作伙伴。系列是现代日本企业的核心，分为横向和纵向两种模式。横向的系列是由一家银行领导的交叉持股公司联盟，提供一系列金融服务，如三菱；纵向的系列是制造商、供应商和分销商之间的合作伙伴关系，包括车辆和电子的制造商，通过合作来提高效率和降低成本，如丰田。

资料来源：BBT大学综合研究所根据 DHBR2017.03.31《制定全公司战略：延续组织所需的四项举措（琴坂将广）》制作而成

图43 近代企业的发展与经营组织的变迁

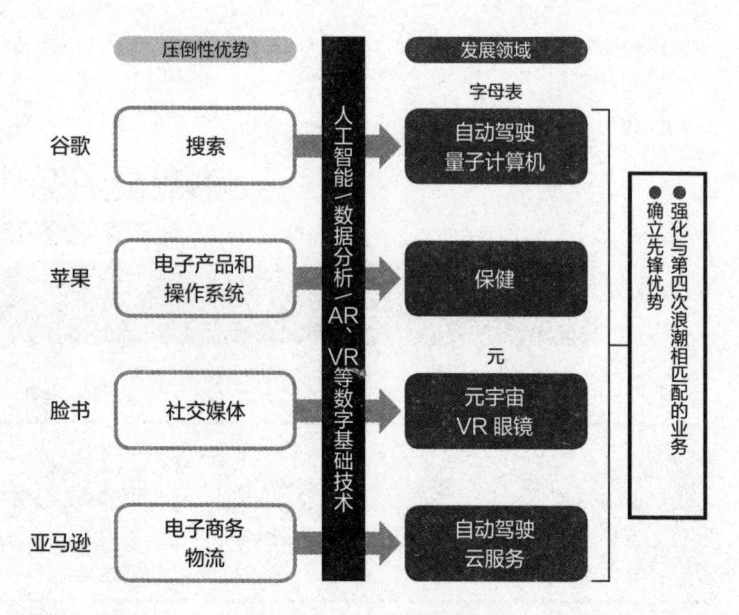

	压倒性优势		发展领域	
谷歌	搜索	人工智能、数据分析、AR、VR等数字基础技术	字母表 自动驾驶 量子计算机	强化与第四次浪潮相匹配的业务 确立先锋优势
苹果	电子产品和操作系统		保健	
脸书	社交媒体		元 元宇宙 VR 眼镜	
亚马逊	电子商务物流		自动驾驶 云服务	

- 凭借压倒性优势,在全球范围内获得较高市场份额。
- 凭借信息技术打破行业壁垒,积极向其他行业拓展。

- 应对第四次浪潮,主要通过并购的方式强化下一项核心竞争力。
- 纵观"GAFA"和特斯拉的经营管理,谷歌最具优势,也最有趣。谷歌以自动驾驶和搜索为起点,主导地球与网络空间。

资料来源:BBT 大学综合研究所

图 44 "GAFA"压倒性的极致优势

可以通过网络提供海量信息。人们对搜索服务感到满意，于是会吸引更多用户来体验，从而聚集流量。流量大了，自然可以导入商业广告，并开发其他业务。免费搜索的极致优势在于，它与过去的有偿搜索相比，因为是机器搜索，所以免费也没问题。而雅虎就不行了，因为它一度是人工制作搜索条目，所以成本很高。

再比如苹果。基于它开发的iOS系统，使得其iPhone、iPad等电子产品跟同类商品相比极具优势，因此在全球特别流行。

脸书是一个社交媒体平台，由马克·扎克伯格与他的哈佛大学室友们所创立。脸书的会员最初只限于哈佛学生加入，后来逐渐向社会开放注册。虽然目前有很多社交媒体平台，但脸书无疑处于领先地位。

出生于美国新墨西哥州的杰夫·贝索斯从纽约回到美国西部后，看到新墨西哥州没有技术人员，就在西雅图成立了亚马逊。该公司的极致优势在于物流和电商。至于原因，我在《看不见的新大陆》中也写过，是因为亚马逊掌握着"钱包（支付手段）"。同样是销售商品，它掌握着消费者的钱包，因此可以打败其他所有的购物网站。消费者不愿意将自己的信用卡绑定多家公司，所以占有先机的亚马逊便具备了支付的极致优势。还有就是，物流正变得越来越重要，而亚马逊的大部分商品都是自己采购，并从自己的仓库发货。

掌握"从A到Z"的一切

这些企业发展得异常迅猛，还出现了一个普遍现象：它们想掌控一切。所以，谷歌的母公司将公司名称改为"字母表"（Alphabet）。这意味着它们的雄心壮志：要掌控从A到Z的一切业务。这种心态应该来源于它们早前的愿望——必须控制整个网络。

亚马逊的创始人贝索斯也在思考同样的问题。你知道吗？亚马逊的商标下面有一个箭形符号，这个符号从"Amazon"的"A"发出，箭头正好指向"Z"。这与谷歌的想法如出一辙。用贝索斯的话来说，这个商标意味着将从A到Z的一切全部收入囊中，意味着亚马逊要成为全球最大的零售商。

脸书则改名为元，意味着未来该公司要在虚拟空间——元宇宙的领域深耕发展。元宇宙（Metaverse）一词由"Meta+Verse"组成，Meta意为超出，Verse意为宇宙。它是一个映射现实世界，并超越现实世界的虚拟世界。

苹果公司"Apple"的"A"是孩子们小时候背诵字母表时的第一个字母，而苹果也是《圣经·创世纪》中亚当与夏娃的象征。

谷歌计划未来的深耕领域是自动驾驶和量子计算机，苹果的是电动汽车和保健领域，而亚马逊的是自动驾驶和云服务。

总之，这些企业都在深耕与第四次浪潮匹配的业务领域。这种迹象已经非常明显。

"均衡发展型"与"极致型"

日本的企业还没有完成这种转型。

其原因在于日企没有什么领域能排到世界第一，特别是在网络社会等新的经济领域。它们还陷在传统的经济空间，执着于第二次浪潮的工业社会，很难摆脱在现实世界发展经济的思维。

他们往往从自己擅长的A业务开始，继而发展出类似的B业务，以及衍生出的C业务……通过这种形式，以业务部门制或其他相似的组织结构将公司发展起来。

可是，这些业务中拥有绝对优势的并不多，大多业务只有中等竞争力。这些业务平衡发展，就成了均衡发展型企业（图45），而这也是日立、三菱、东芝等集团的共同之处。

在新兴国家，这种企业并不少，不过它们在全球范围内并不拥有绝对的优势，这是它们最大的问题。所以，它们的未来前景并不被看好，其资产收益会逐年下降，最终的结果是资金短缺，向银行贷款。相比之下，第三次浪潮后的企业模式是拥有突出业务的极致型企业，也就是A业务要具备绝对优势。例如，谷歌的搜索引擎就是如此，既没有竞争对手，又可以免费使用。这种先提供免费体验，聚集流量后再收费的商业模式，传统企业很难想象。

目前日本有几家极致型企业正在发展，它们很容易吸引投资，也会形成良性循环：获取投资后投入另一项深耕业务，并将该业务发展为绝对优势业务。

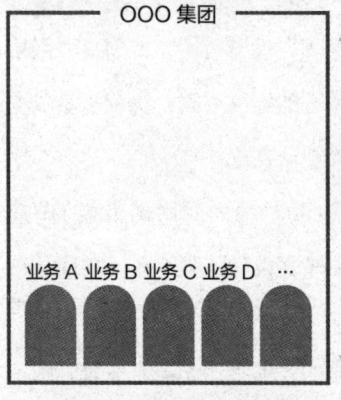

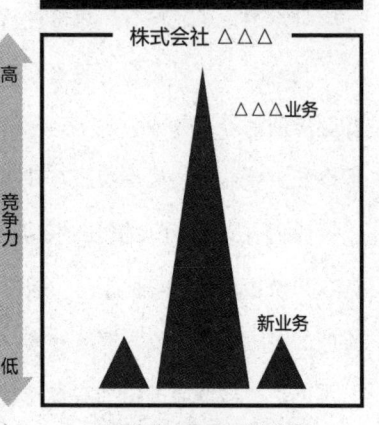

第二次浪潮的企业模式 （均衡发展型）	第三次浪潮的企业模式 （极致型）
○○○集团	株式会社 △△△
业务A 业务B 业务C 业务D …	△△△业务　　　新业务
公司名称 = 集团名称 + 业务名称 （例如三菱、日立、通用电气等） 高速发展期的日本和新兴国家多典型代表	公司名称 = 产品·服务名称 （例如谷歌、亚马逊等） 发达国家和IT企业多典型代表
● 业务涉及多领域（均衡），不具备压倒性优势。 ● 业务之间容易出现对立的情况。 ● 业务判断标准并不明确，难以吸引投资。 ● 资金不足，导致竞争力下降。	● 在某个领域，拥有极致优势。 ● 专注一个领域，并将该领域彻底打造成"公司优势"。 ● 业务判断标准明确，容易吸引投资。 ● 向新业务投入大量资金，进一步加强竞争力。

竞争力 高→低

资料来源：BBT大学综合研究所

图45　均衡发展型企业和极致型企业的差异

日本企业低迷的原因

日本的均衡发展型企业是什么情况呢？实际上，多元化发展有峰值（图46）。观察企业的业绩变化，可以发现迈过多元化发展的峰值后，如果进一步扩大多元化规模，企业的业绩就会逐渐回落。

原因在于，企业的高层没有精力关注所有业务。如果某个业务部门的业绩非常好，高层会关注，并且很可能从该部门挑选出公司的下一任总裁。新总裁上任后，往往不会向业务不佳的部门投入资源，所以该业务最后会拖累公司，导致公司的整体业绩下滑。

比如三菱重工。这家公司的困难跟日本自卫队和防卫省很相似。日本自卫队分为海陆空三军，而三菱重工也有相应的三个业务板块——原动机、船舶和飞机。这三个板块差异很大。如果负责航空业务的员工担任总裁，那么船舶和原动机业务的员工就会很有意见，因此跨板块的人事调整很难实现。大多数员工往往只在一个业务板块里工作，除非升为常务董事或副总。总裁任职后会统管三个业务板块，但往往很难平衡三者之间的关系。

所以，经营者成为高层后，虽然主观上希望团结各个业务部门管好公司，但实际上很难操作。很多人上位后会信誓旦旦地保证：加强各部门的横向联系。可结果呢？我看过几十个经营者，几乎没人能够兑现。所以，横向管理只是一个错觉。这些高层虽然嘴上说要加强横向管理，但几个任期下来毫无效果，最后只能匆匆下台。

接下来，让我们看一下企业的多元化发展与业绩之间的关系。

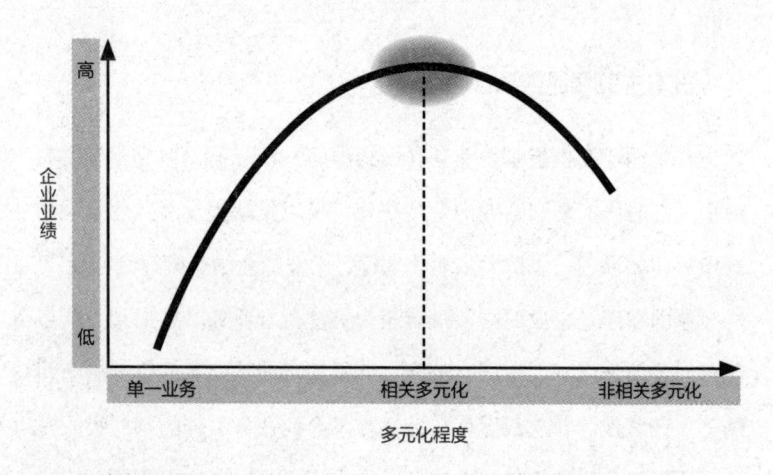

```
           高 ↑
              │      ╱‾‾‾●‾‾╲
              │    ╱    │    ╲
  企业业绩     │  ╱      │      ╲
              │ ╱       │       ╲
              │╱        │
           低 │         │
              └─────────┼──────────→
              单一业务  相关多元化  非相关多元化
                      多元化程度
```

多元化程度的差异

单一业务	专业公司未能实现本应实现的协同效应，丢失机会。 例）推特：客户基数庞大，但难以变现。
相关多元化	促进协同业务资产的组合与集中，从而实现业绩最大化。 例）●特斯拉：能源解决方案（纯电动汽车+电池）。 ●日立：通过物联网平台统一推进铁路、物流、电力运输等基础设施业务。
非相关多元化	过度进行"非相关多元化战略"会导致协同业务的成本上升，反而造成业绩下滑。 例）●综合贸易公司：从铅笔到火箭。 ●大型超市：准备一切客户想要之物。

资料来源：BBT大学综合研究所根据2021年4月5日刊《日本经济新闻》制作而成

图46　企业多元化程度和业绩的关系

首先，业务单一的企业往往拥有较强的增长潜力。不过，推特公司似乎是个例外。它虽然拥有庞大的客户基数，却很难变现。

其次，开展"相关多元化战略"的企业往往拥有较好的业绩。这类公司将有协同效应的业务进行组合。例如，特斯拉的几项业务中，电动汽车和电池就是有协同效应的业务组合，而面向家庭销售的太阳能电池等产品，作为该公司性价比最高的商品，很可能与其他业务组合。日本的日立公司也尝试了大胆的业务组合，在物联网平台推进传统的基础设施业务，比如铁路、物流、电力输送等。

最后，开展"非相关多元化战略"的企业往往因成本上升而导致业绩下降。综合商事公司就是一个例子。这类企业交易几乎所有的商品，"从铅笔到火箭"，所以自然无法保证利润率。虽然日本的综合商事公司在很多领域都具备极致优势，但其最具优势的领域各不相同。例如，三菱商事的资源和能源业务，丸红的食品业务，以及伊藤忠商事的服装业务。

不同的商事公司也有自己不同的优势地区，例如丸红公司在菲律宾市场就很有优势。当然，也有公司因为过度多元化而导致业绩下滑。

日本企业显著的低利润率

企业利润率的国际比较也很有意思。德勤公司曾比较过日本、欧盟和美国企业之间的营业利润率。

表5显示，日本企业多为小规模、专业化的企业，其利润很

高。表上的8.8%指营业利润率。但超大规模、多元化的日本企业，其营业利润率下滑十分严重。

美国企业中，往往是小规模、专业化的企业会出现赤字，而超大规模、多元化的企业利润率很高。

欧洲的小规模企业总体上利润率较低，也有不少赤字。但另一方面，以德国西门子（SIEMENS AG）为代表的超大规模、多元化的企业正在进行业务资产组合的调整，因此利润率猛增。通用电气和日立都在效仿西门子的做法，但仍然无法与之匹敌。

1+1≠2的多元化

均衡发展型企业往往会出现以下情况：虽然拥有多项业务，但其价值无法以业务价值简单相加计算。这种情况被称为"集团化折价"，意味着综合企业[1]的企业价值小于每项业务的价值之和（图47）。

公司推进多元化、扩展多项业务的过程中，一旦超过峰值，就无法实现1+1=2的效果，甚至1+2+3也无法用加法计算。

简言之，均衡发展型企业的特点是运营所有能开展的业务。这些业务超过峰值后，业绩就会回落。如果能抓住业务资产组合的时间点提升业绩，那么问题就不大。但如果把握不住，企业的发展就会放缓，甚至陷入停滞。

---

1 综合企业，指经营多种不同性质业务的企业集团，旗下通常有多个从事不同业务、各自独立运作的子公司。

表5　日本、欧盟和美国的企业规模与多元化程度相对应的营业利润（%）

国际比较后发现，多元化、超大规模的日本企业，低利润率异常显著

日本	小规模	中规模	大规模	超大规模
专业	8.8	5.9	6.5	7.0
半专业化	7.4	5.3	6.2	6.2
半多元化	6.2	5.7	5.2	4.7
多元化	5.1	5.4	5.4	3.0

美国	小规模	中规模	大规模	超大规模
专业	-0.5	11.4	7.7	10.4
半专业化	4.7	11.5	10.7	7.8
半多元化	9.9	9.2	8.3	8.6
多元化	-15.2	9.0	11.0	13.7

欧盟	小规模	中规模	大规模	超大规模
专业	-3.4	10.9	10.0	8.6
半专业化	5.9	11.6	9.0	6.6
半多元化	-6.5	9.3	5.6	8.3
多元化	8.5	7.3	4.7	13.9

规模（销售额）　小规模：<500亿日元　　　中规模：500亿~5000亿日元
　　　　　　　　大规模：5000亿~2万亿日元　超大规模：>2万亿日元
多元化程度　　　专业：<10%　　　　　　　半专业化：10%~30%
　　　　　　　　半多元化：30%~50%　　　多元化：>50%

资料来源：德勤咨询公司

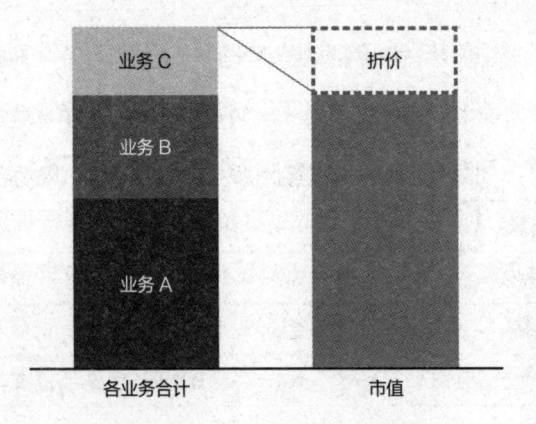

* 拥有多项业务的综合企业的企业价值，低于各项业务的企业价值之和

资料来源：BBT 大学综合研究所

（a）集团化折价图示

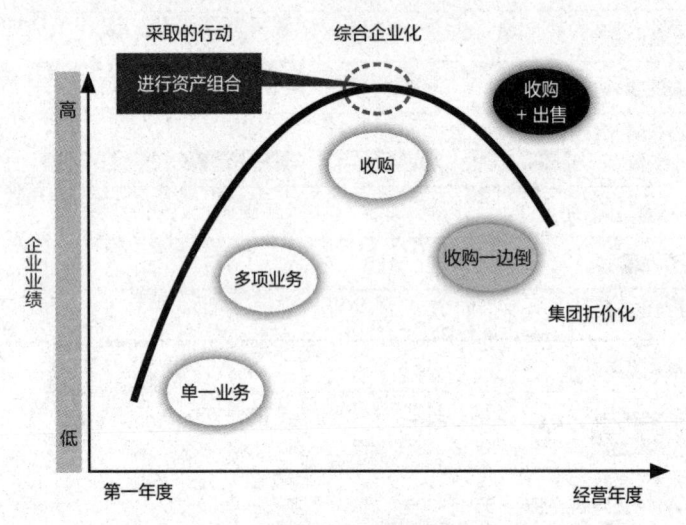

（b）集团化折价的产生过程

图 47　企业集团化折价

将自身优势发挥到极致的企业

下面，我们看一下极致型企业的做法（图48）。

亚马逊在深耕电商业务的过程中，收购了40家相关公司。此外，亚马逊还在未来要发展的业务领域里收购了71家相关公司，比如它为探索电商与实体店的融合效果而收购了不少信誉良好的零售商，如全食超市（Whole Foods）。

现在，人们只要每个月花费10美元，就可以在奈飞（Netflix）上观看各种电影。为了与奈飞抗衡，保证选片的质量，亚马逊便收购了米高梅（MGM）公司。

再看物流仓库。亚马逊收购了位于美国波士顿的Kiva Systems机器人公司。该公司生产的机器人能以极快的速度抓取货架上的包裹，并迅速将其搬运到其他地方。网上有相关的视频，读者们可以自行搜索观看。现在的亚马逊仓库，基本都是Kiva机器人进行作业。

苹果在自己的主营业务领域收购了27家公司，在未来要发展的业务领域，比如在人脸识别技术、VR流式传输等领域收购了96家公司。

脸书在以上的两个领域分别收购了28家和77家公司。

谷歌的母公司字母表则在以上的两个领域分别收购了81家和187家公司。

从汽车行业来看，优势突出的企业市值也很高。目前，车企中

随着"GAFA"的垄断问题日益突出，除传统业务外，其他领域的并购也在增加，主要集中在以下领域

※ 亚马逊：1998年~ / 苹果：1998年~ / 脸书：2005年~ / 谷歌：2001年~

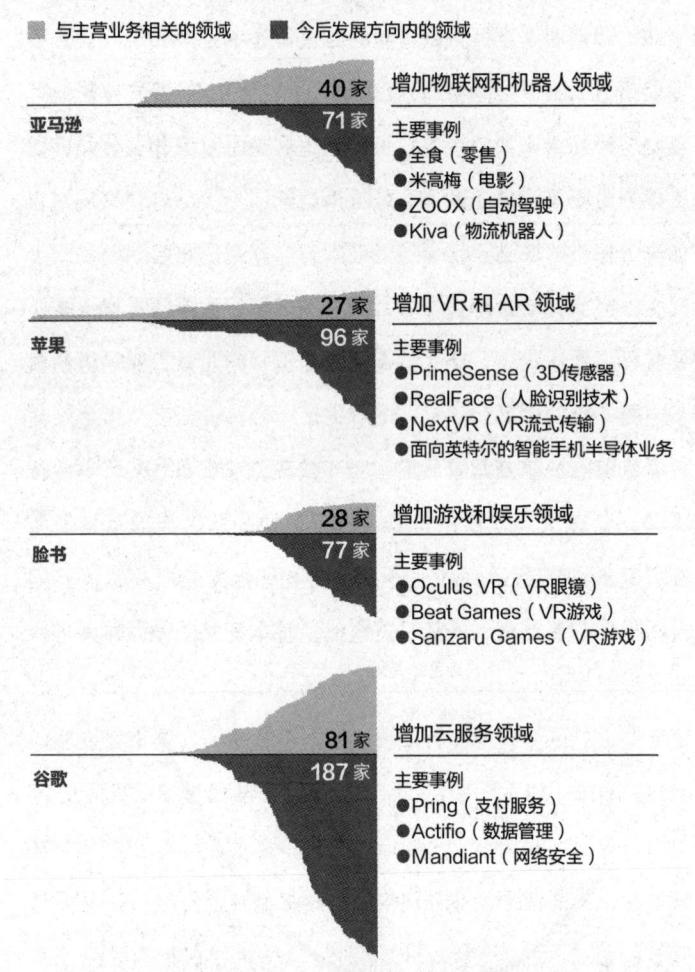

■ 与主营业务相关的领域　　■ 今后发展方向内的领域

亚马逊：40家 / 71家
增加物联网和机器人领域

主要事例
- 全食（零售）
- 米高梅（电影）
- ZOOX（自动驾驶）
- Kiva（物流机器人）

苹果：27家 / 96家
增加VR和AR领域

主要事例
- PrimeSense（3D传感器）
- RealFace（人脸识别技术）
- NextVR（VR流式传输）
- 面向英特尔的智能手机半导体业务

脸书：28家 / 77家
增加游戏和娱乐领域

主要事例
- Oculus VR（VR眼镜）
- Beat Games（VR游戏）
- Sanzaru Games（VR游戏）

谷歌：81家 / 187家
增加云服务领域

主要事例
- Pring（支付服务）
- Actifio（数据管理）
- Mandiant（网络安全）

资料来源：根据《华盛顿邮报》和其他各种报道和资料制作而成

图48　"GAFA"的并购变迁

特斯拉的市值遥遥领先。虽然丰田和大众的汽车销量很多,但市值仍然无法跟特斯拉相比。中国比亚迪的电动汽车也备受瞩目,因此市值不断上涨。市值体现了企业未来持续发展所得利益的现有价值。因此,公司的优势越突出,市值就越高。

特斯拉在电池、自动驾驶领域拥有500项专利,如果未来电动汽车和自动驾驶在全球流行,就必须要向特斯拉缴纳相应的专利使用费。这也是特斯拉市值暴涨的原因之一。

雀巢多元化发展的优势

雀巢是全球化企业的典型代表(图49)。

它的总部位于瑞士,是一家多元化的企业,主营业务是食品。雀巢对一些业绩不佳的业务进行了调整,如果这些业务依然没有好转,就会被转让。所以,雀巢转让了不少业务公司。同时,它也收购了100多家公司进行资产重组。

雀巢会召集被收购公司的管理层齐聚瑞士沃韦,并对他们进行为期一个月的培训。培训期间,雀巢会向他们讲授公司的历史、价值观、工作方式和经营管理方式。参加培训以后,这些管理层会觉得自己就是雀巢的一员,庆幸自己的公司被雀巢收购。雀巢已经培训了100多家收购公司的高管,他们的多元化发展相当成熟。

美国强生公司也会对被收购方的管理层进行培训,地点在新泽西。收购企业以后,收购方需要赢得被收购方员工的人心。很遗憾,日本企业对此还没有什么好的办法。如果没有好的机制,收购

雀巢各项业务的营业利润率（2020年）

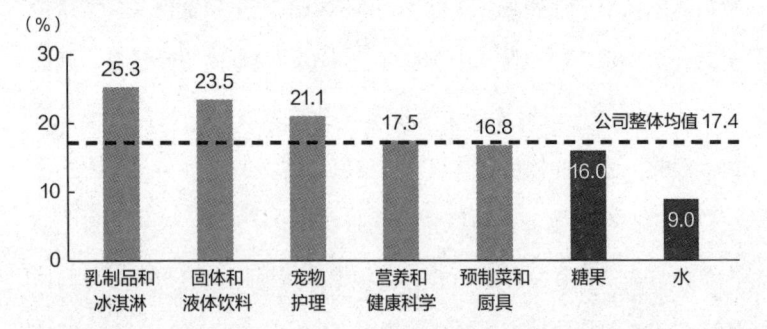

（%）

- 乳制品和冰淇淋: 25.3
- 固体和液体饮料: 23.5
- 宠物护理: 21.1
- 营养和健康科学: 17.5
- 预制菜和厨具: 16.8
- 糖果: 16.0
- 水: 9.0

公司整体均值 17.4

主要资产组合的变迁

收购 优势是由全球高知名度、高利润率的品牌构成资产组合

时间	公司名称	业务·品目
2018年4月	Tails.com（英国）	营养型宠物食品
2018年5月	星巴克（美国）	咖啡销售权
2020年8月	Aimmune治疗（美国）	植物过敏治疗药
2020年10月	Freshly（美国）	注重健康的食品配送
2021年4月	The Bountiful Company（美国）	保健品
2021年5月	Nuun（美国）	运动饮料

转让 转让不符合消费者需求、利润率低的业务

时间	买方	业务·品目
2018年1月	费列罗（意大利）	美国的糖果业务
2019年10月	瑞典的投资公司EQT	皮肤健康业务
2020年8月	青岛啤酒（中国）	酒类品牌
2021年2月	One Rock Capital Partners（美国）	北美饮用水品牌
2021年12月	欧莱雅集团（法国）	欧莱雅4%的股份

雀巢公司重新调整业务组合，以满足不断变化的消费需求，如日益增长的健康意识和新冠疫情造成的行动限制问题等。

资料来源：雀巢信息检索资料

图49 雀巢的多元化发展

双方的关系就会像征服者与被征服者的关系，使得被收购方无法充分发挥能量。就此而言，雀巢和强生都是很好的学习榜样。

发展中的富士胶片与西门子

下面，我们看一下富士胶片（图50）。大家应该知道，全球的照片胶卷企业正在发生翻天覆地的变化。柯达和宝丽来已经宣布破产，我们再也听不到他们的名字。大型胶片厂商爱克发·吉华集团（Agfa-Gevaert N.V.）也已经不复存在。

日本的富士胶片经过不懈努力，终于发展成为与柯达胶卷并肩的企业。可是好景不长，人们对照片胶卷的需求一夜之间就消失了。由于摄影数字化的飞速发展，人们不再需要胶卷，主营业务的市场需求突然消失，令富士胶片深受打击。

富士胶片的前董事长兼CEO古森重隆[1]为了公司的生存，努力开拓其他业务，他收购了有未来前景的富山化学，让富士胶片重获新生。富山化学属于制造业，是一家委托开发制造商（CDMO，Contract Development and Manufacturing Organization）。通过收购，富士胶片进入了高级医疗产品的委托生产领域。这在日本企业里是十分罕见的。

---

1 古森重隆（1939— ），日本企业家，1963年毕业于东京大学经济学部，后进入富士胶片公司。2003年就任富士胶片CEO一职，任职期间，成功引领富士胶片从胶片业务向医疗保健业务转型，使富士胶片在数字时代得以幸存并避免了破产命运。

同样的案例还有住友电气和古河电气。两者曾经是经营电线业务的厂商，现在凭借光纤网络业务实现了转型，业绩也在不断好转。

我们要记住这些能够顺利转型的日本企业，因为它们有韧劲，知变通。

德国的西门子也在调整业务内容。受德国工业4.0[1]计划的影响，西门子的业务得到加强，其股价也在不断上涨（图50）。对于通用电气、东芝、日立、飞利浦等世界大型电机巨头而言，飞速发展的西门子是它们的学习目标，也是它们的研究对象。

在德国政府大力推进的工业4.0计划中，西门子是最成功的案例。

半导体企业何以盛衰？

让我们来看半导体企业。20世纪90年代中期以前，日本电气（NEC）和富士通等日本企业在半导体领域非常强大。当时，它们可以提供一条龙服务，业务涵盖设计、开发与制造。

此后，英特尔公司以类似的方式走向成功。它与"GAFAM"中的"M"，即微软公司进行了长期合作，并凭借制造个人计算机（PC）的中央处理器（CPU）大获成功（图51）。

---

[1] 工业4.0（第四次工业革命），德国政府于2011年公布的产业政策，旨在向制造业引入信息技术进行改革。——原书注

(亿日元)

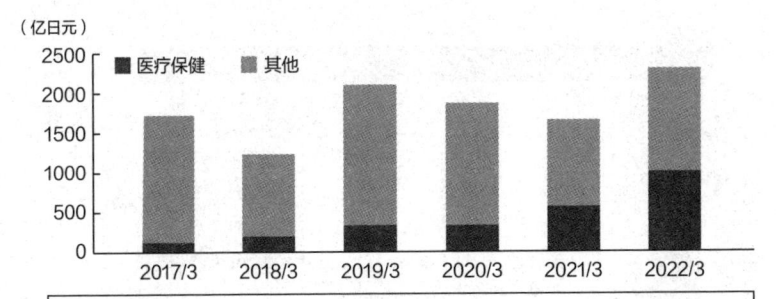

```
2500  ■医疗保健  ■其他
2000
1500
1000
 500
   0
     2017/3  2018/3  2019/3  2020/3  2021/3  2022/3
```

- 富士胶片的核心业务是医疗领域，近年来持续投资该领域。迄今为止，已向生物委托开发制造商投资6000亿日元。
- 2022财年（2021年4月1日～2022年3月31日），医疗保健领域实现增长，销售额和营业利润在公司业务各领域中处于领先地位。迄今为止的投资已转化为收益。

资料来源：富士胶片控股集团信息检索资料

（a）富士胶片不同业务领域的营业利润

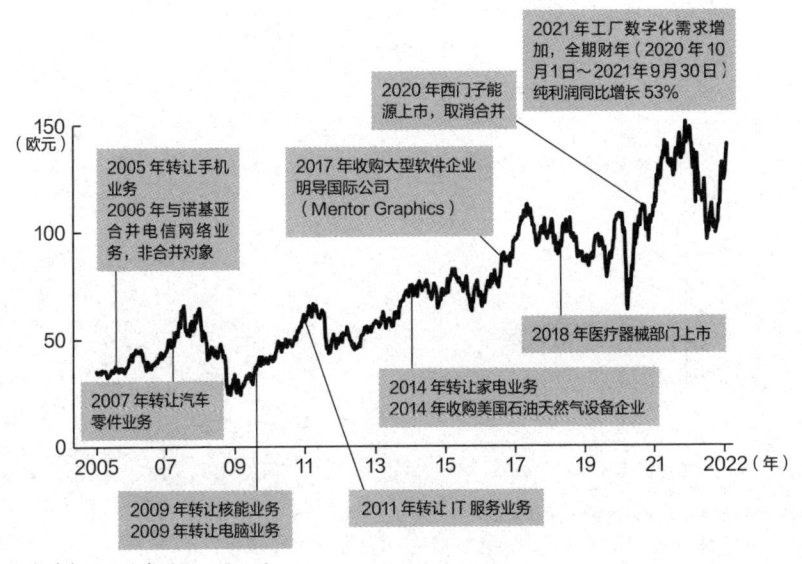

（欧元）

- 2005年转让手机业务
- 2006年与诺基亚合并电信网络业务，非合并对象
- 2007年转让汽车零件业务
- 2009年转让核能业务
- 2009年转让电脑业务
- 2011年转让IT服务业务
- 2014年转让家电业务
- 2014年收购美国石油天然气设备企业
- 2017年收购大型软件企业明导国际公司（Mentor Graphics）
- 2018年医疗器械部门上市
- 2020年西门子能源上市，取消合并
- 2021年工厂数字化需求增加，全期财年（2020年10月1日～2021年9月30日）纯利润同比增长53%

资料来源：雅虎财经、西门子

（b）西门子股价变化趋势

图50　富士胶片和西门子现状

159

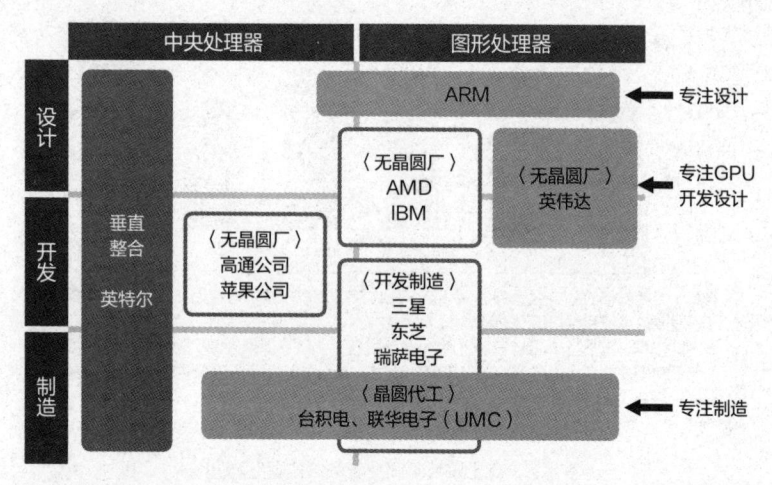

	中央处理器	图形处理器	
设计		ARM	← 专注设计
开发	垂直整合 英特尔	〈无晶圆厂〉 AMD IBM	〈无晶圆厂〉 英伟达	← 专注GPU开发设计
		〈无晶圆厂〉 高通公司 苹果公司	〈开发制造〉 三星 东芝 瑞萨电子	
制造		〈晶圆代工〉 台积电、联华电子（UMC）	← 专注制造

资料来源：根据各种报道资料制作而成

（a）半导体的工序结构

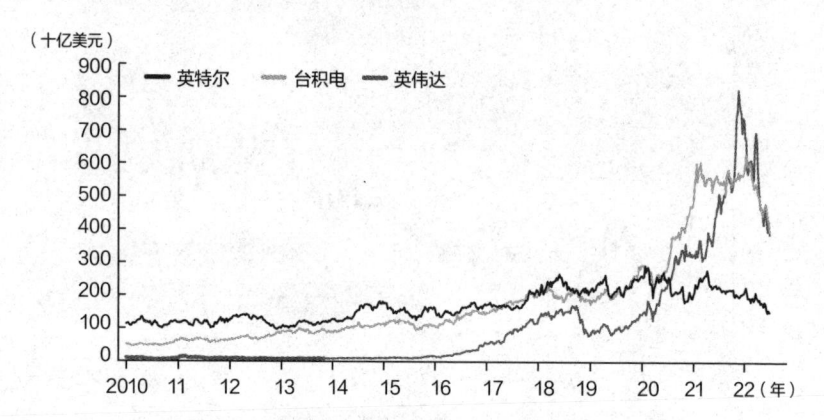

（十亿美元）

——英特尔　——台积电　——英伟达

注：台积电按各时间点的汇率将台币换算成美元
资料来源：根据思必达（SPEEDA）、雅虎财经等制作而成

（b）主要半导体企业市值变化趋势

图51　专注于半导体业务的企业未来发展可期

160

随着世界的变化，台积电等企业开始崭露头角。它们不进行设计和开发，而是以惊人的效率进行制造，发展势头十分强劲。

还有ARM公司。该公司是软银（SoftBank）耗资3万亿日元收购的英国半导体公司，主营芯片设计。很多人认为这家企业是"英国的国宝"。软银创始人孙正义也表示，收购ARM就是想要好好培育，虽然一度也有过转让的想法。

英伟达（NVIDIA）作为一家无晶圆厂模式公司[1]，发明了图形处理器（GPU），重新定义了计算机图形技术。该公司备受瞩目的原因在于其无人驾驶业务。无人驾驶时，需要瞬间识别前方的不明物体是人、是狗，还是其他物体，并做出应对措施。此时，仅凭CPU的算力是不够的，必须通过强大的图像数据算力才能瞬间做出判断。

如果只涉足游戏领域，英伟达的业务并不复杂。不过，在未来的L5级自动驾驶等技术领域，GPU将至关重要。因此，英伟达的发展前景十分美好。

露露乐蒙（Lululemon）快速发展的秘密

全球服装行业有三大巨头，西班牙Inditex集团排名第一，旗下代表品牌是ZARA；日本迅销集团紧随其后，代表品牌是优衣库

---

[1] 无晶圆厂模式公司（Fabless），又称为芯片设计商，指那些仅从事晶圆，即芯片的设计、研发、应用和销售，而将晶圆制造外包给专业的晶圆代工厂的半导体公司。

（UNIQLO）、GU；瑞典H&M公司位列第三。三大巨头有个共同的特点：它们都是在乡下创办的企业，而非城市。

Inditex集团成长于西班牙西北部拉科鲁尼亚的一个乡下小镇。创始人阿曼西奥·奥尔特加（Amancio Ortega）已是全球财富排行榜排名前五的富翁，不过他还是坚持将Inditex的总部放在西班牙乡下。

这么多年过去了，全球服装行业的前三名没有发生过变化。不过近年来，来自加拿大的一家名为露露乐蒙的公司发展势头迅猛。露露乐蒙是一家专业从事运动服装制造的公司，1998年成立于加拿大温哥华，全球约有500家实体店，销售额达7000亿日元。虽然它还无法与销售额超过2万亿日元的三大巨头相比，但是它的高利润率意味着其电商能力十分强大。露露乐蒙的销售额中，电商占据一半以上。

该公司的商业模式是：在店里教授瑜伽课和健身课，同时出售课程中的服装，比如某款式高腰紧身裤。在优衣库销售的类似裤子，售价在3000日元左右，而露露乐蒙的定价是13000日元。这是其高利润的原因所在。因为瑜伽课的老师穿这条裤子，所以学员就会产生购买的念头。没有实体店的地方，还可以通过电商平台购买。所以，露露乐蒙基本不投入资金用于广告宣传，而是将钱花在名人或网红身上，这是露露乐蒙的特色。加拿大出现这样的公司很有意思。

索尼与松下的差距

索尼和松下很相似,两者在家电行业作为竞争对手也很出名。不过,这几年松下的市值一直很难上涨(图52),原因在于它在家电领域被韩国三星和中国企业碾压。因此,市场份额相对较小的松下公司,其前景实在不容乐观。

而索尼则开拓了全新的业务,它用游戏、音乐、原创剧本、动漫和电影等吸引了全球3亿用户,建立起以内容为导向的数据服务业务。索尼摇身一变,转型为一家娱乐公司。不仅有"蜘蛛侠"版权,它在游戏领域更厉害,拥有PlayStation系列游戏机。由于发展方向的差异,两者的市值也出现了巨大的差距。

奈飞也很努力。它在一堆破产的DVD租赁店中,发展出了流媒体播放业务。不过,如果内容强大的迪士尼也从事同样的业务,可能会发展得更好。所以,我不太看好奈飞未来的发展。虽然奈飞有几部原创剧集很成功,但目前迪士尼在市值上已经远远超过奈飞。

新型商业模式——"虚拟主播"(Vtuber)

油管(YouTube)之后的商业模式会是什么呢?是内容创作者"虚拟主播"。油管曾创立MCN(mulit-channel network)模式,让专业的网红经纪公司打理网红的生意,比如UUUM公司旗下就拥有很多颇具社会影响力的主播和网红。

日本的ANYCOLOR公司也在从事同样的业务。该公司旗下有

索尼的目标是通过灵活利用跨业务领域（如游戏、音乐和电影等）的数据，发挥协同作用，成为一家娱乐公司

- 全球共有3亿人使用索尼提供的服务。
- 通过打破业务壁垒，建立联接各种内容的数据基础，推进公司转型。

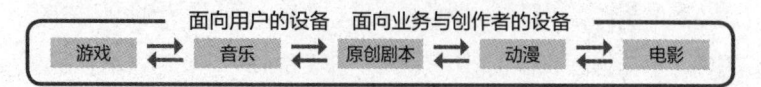

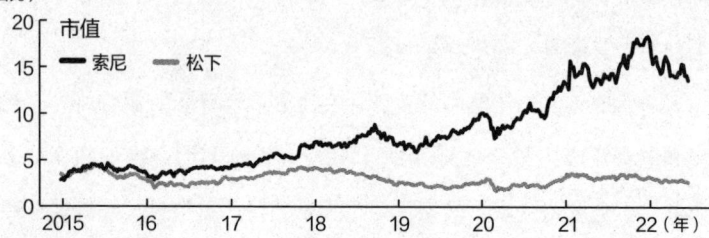

```
┌──── 面向用户的设备 ────┐ ┌──── 面向业务与创作者的设备 ────┐
  游戏  ⇌  音乐  ⇌  原创剧本  ⇌  动漫  ⇌  电影
```

（万亿日元）

市值 —— 索尼　—— 松下

奈飞与迪士尼的动态

- 奈飞在视频流媒体领域的极致领先，令其成为该领域全球第一的企业，提升了企业价值。
- 新冠疫情前后，Disney Plus等大型媒体公司加入视频流媒体领域，促使竞争加剧。

（十亿美元）

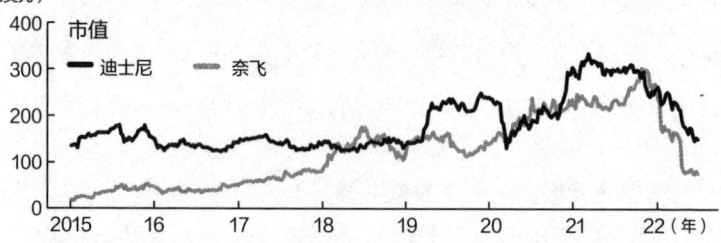

市值 —— 迪士尼　—— 奈飞

- 由于奈飞专注流媒体，因此受竞争加剧与新冠疫情即将结束的影响，2022年以来，股价暴跌。
- 大型媒体公司能够对内容进行多重开发，因此股价下跌没有奈飞严重。

资料来源：根据思必达等制作而成

图52　索尼转型成娱乐公司的变革

一家名为彩虹社（nijisanji）的虚拟主播企划公司，正与中国的企业合作开展相关业务（图53）。

虚拟主播是制作自己的虚拟形象，并在油管等视频直播平台活动的内容创作者。目前，彩虹社订阅人数最多的频道是"壹百满天原莎乐美"，达到171万人，因为莎乐美直播时从不按套路出牌。

排名第二的是"葛叶"，有146万订阅用户。葛叶在直播中以吸血鬼的虚拟形象活动。

"atelier haruka"的成功之道

名古屋向研会的成员西原良子[1]的atelier haruka公司也是极致型企业的成功案例。

该公司主要面向女性群体，向她们提供最迅捷的美发、美妆和美甲服务，其业务遍布日本。不过，新冠疫情发生后，情况发生了变化。因为人们外出受到限制，也担心与他人接触，所以基本没有客人愿意去店里消费。当然，聚餐和联谊的减少对此也有影响。

该公司为增加客户数量同时降低成本，致力于减少不必要的服务流程以缩短客人的留店时间，并要求员工掌握美发、美妆及美甲技术，成为一名多面手。在追求提高生产率的同时，也不断上调服务价格（图54）。

西原的企业还让我发现了一种新的市场需求：让女孩在戴口

---

[1] 西原良子（1975— ），2000年创立atelier haruka，2001年第一家店铺开业。截至2016年11月，全日本共有60家店铺。

与民营电视台的市值比较

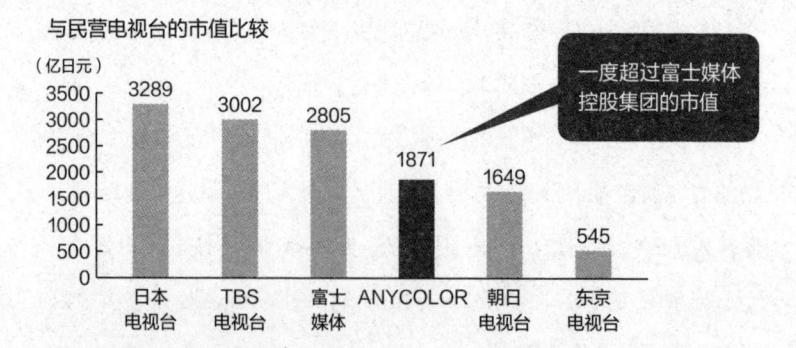

（亿日元）

日本电视台	3289
TBS电视台	3002
富士媒体	2805
ANYCOLOR	1871
朝日电视台	1649
东京电视台	545

ANYCOLOR：一度超过富士媒体控股集团的市值

- 民营电视台成为综合媒体企业后，市值低迷。
- 传统垂直整合模式下的电视台行业明显萎缩。
- 经济结构变化带来的经济萧条，导致内容制作、网络播放的维护费用加重。

ANYCOLOR 是什么？

ANYCOLOR（公司总部：东京都港区）

- 成立于2017年5月。
- 核心业务是运营虚拟主播企划公司"彩虹社"。
- 业务模式类似虚拟主播事务所，是一家类似网红聚集地UUUM公司的企业。

彩虹社

- 彩虹社由ANYCOLOR负责运营，是一家虚拟主播企划公司。
- 主要开展的业务有游戏直播、制作游戏视频、举办各种活动、发售周边及数字内容、音乐创作等。
- 目前，公司旗下大约有150名虚拟主播活跃于各大社交媒体平台和油管等视频平台。

第一名	壹百满天原莎乐美 订阅人数171万人	第二名	葛叶 订阅人数146万人

资料来源：雅虎财经、ANYCOLOR、vtuber-ch

图53　ANYCOLOR 公司

atelier haruka 以新冠疫情停业为契机，重新审视公司特点，成功将每名员工的生产率提高 30%

株式会社 atelier haruka　公司代表 西原良子
运营美发、美妆和美甲等业务
※ 公司商业模式的特点是专注美发、美妆、美甲业务，不提供理发和烫发服务

与新冠疫情暴发前相比，平均每名美甲师的销售额指标上涨 130%，生产率提高 30%

增加销售额

1 美甲产品价格上调 500 日元
- 提价原因在于，根据问卷调查，顾客愿意支付的美甲费用高于公司产品价格。

2 挖掘潜在需求，开发全新服务
- 由于长时间佩戴口罩，所以专门开拓了眼妆业务。特别是修眉，销售额上涨 30%。
- "男士专项"提供面向男性的修眉、脱毛、化妆等服务，销售额提升 70%。

降低成本

1 平均每位顾客的美甲时间减少一半
- 用原来一半的时间提供相同的服务，可接待顾客人数变成原来的两倍。
- 省去不必要的流程，卸甲从原来的手工作业改为机器作业。

2 培养多技能员工
- 进行人才培训，要求员工兼具美发、美妆和美甲技能。
- 统一不同工种的奖励标准。所有员工都以人均生产率相对应的系数为基础发放奖励。

资料来源：atelier haruka、日经 BP《日经商业》2022 年 5 月 16 日刊

图 54　atelier haruka 提高生产率的方法

罩时也漂亮起来。其实就是提升眼睛的魅力。戴上口罩以后，只能看到眉眼的部分，但总有一些"口罩美人"看起来极具魅力。atelier haruka为满足女性客户的上述需求，便推出了相应的服务，客人蜂拥而至。与疫情前相比，员工的平均销售额竟然上涨了130%。

深度思考以后，将自身的优势业务发展到极致，其效果是非常明显的。这也是一个十分有趣的案例。

日本企业的问题与对策

最后，让我们比较一下均衡发展型企业与极致型企业（表6）。

均衡发展型企业的优势在于，拥有过去的成功经验和一定的知名度；而极致型企业的优势在于，在某个领域拥有卓越的能力。极致型企业的劣势在于，无法做到完美的公司治理（Corporate Governance）与合规管理（Compliance Management）；而均衡发展型企业因为制度严格，所以这两点做得比较好，就是决策很慢。

再看经营者的类型。在均衡发展型企业里，员工型经营者比较多，所以会存在销售至上主义的现象。极致型企业则相反，往往是创新型或企业家型的经营者较多。

发展速度方面，均衡发展型企业往往与GDP成正比，而极致型企业呈几何级增长。

经营方针方面，极致型企业的目标是成为全球第一，而均衡发展型企业更多希望成为国内或地区第一。这点也体现出企业的不同

表6 均衡发展型与极致型企业的基因区别

均衡发展型企业		极致型企业
过去的成功经验与知名度	优势	在某个领域拥有卓越的能力
决策速度慢 业务间的冲突	劣势	公司治理与合规管理
员工型经营者 销售至上主义	经营者类型	创新型或企业家型经营者 融资思维
与GDP成正比（低增长）	发展速度	几何级增长
国内或地区第一	经营方针	世界第一
金字塔式与全套主义的改善方式	组织与经营	网络型组织 专注核心技术、灵活使用外包
应届毕业生、有经验的员工 与偏差值高的优等生	人才	极致型人才 全球精英
公司内部标准、行业标准 提高工资、奖金	薪资机遇	个人估值、世界标准 员工认股权
保守、封闭 不允许失败	企业文化	创新开放，检验假说 鼓励挑战，允许失败

资料来源：BBT大学综合研究所

基因。

组织与运营方面，均衡发展型企业会采用传统金字塔式上传下达的改善方式，极致型企业会采用外包方式。

人才方面，极致型企业会招聘极致型人才和具有全球竞争力的人才，而均衡发展型企业会招聘应届毕业生、有经验的员工、偏差值高的优等生。这种现状很难改变，因为在均衡发展型企业，大多数员工都认为不能改变现状，所以企业也无法改变，甚至有人还把敲打"出头鸟"当作自己的工作。

薪资方面，均衡发展型企业由公司的内部标准和行业标准共同决定，其企业文化保守、封闭、不允许失败。而极致型企业允许失败，鼓励尝试，比如瑞可利公司（Recruit）和CyberAgent公司。当然，更多的日本公司还保留着"不能犯错"的企业文化。

均衡发展型企业的极限

在业务系统方面，日本的均衡发展型企业会同时采用3~5个完整的业务系统（图55）。

极致型企业会将最具优势的业务掌握在自己手里，而将其他业务外包给他人。因为现在是网络社会，所以不必掌握全部业务，只需在网络里寻找优秀的人合作就好，无论他人在澳大利亚还是白俄罗斯。

均衡发展型企业存在的问题

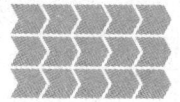

全套型
垂直整合型

- 公司拥有全部功能。
- 所有工序均在公司内部完成，因此生产规模与市场规模都有一定限制。
- 公司整体降低成本，各项业务均减少投入。

传统的业务规划与人事任命的局限

$$\left(\begin{array}{c}\text{价格} \\ P\end{array} - \begin{array}{c}\text{成本} \\ C\end{array}\right) \times \begin{array}{c}\text{数量}^{(\text{销售额润})} \\ V\end{array} = \begin{array}{c}\text{利润} \\ \text{PROFIT}\end{array}$$

- （价格P-成本C）× 数量V=利润PROFIT，传统的业务规划核心是利润方程式中的三要素。
- 因为只涉及三要素，所以人事任命也是论资排辈。

转型为极致型企业

现在，业务规划应该考察的范围正在扩大

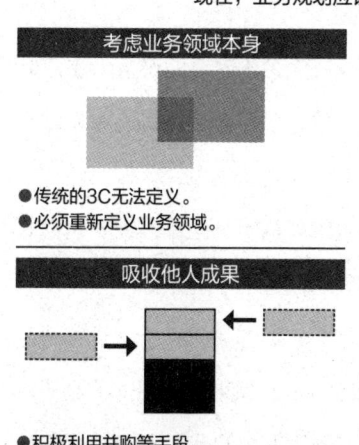

考虑业务领域本身

- 传统的3C无法定义。
- 必须重新定义业务领域。

吸收他人成果

- 积极利用并购等手段。
- 灵活利用股价与企业价值倍数*。

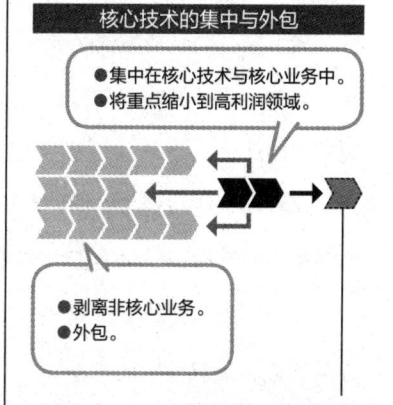

核心技术的集中与外包

- 集中在核心技术与核心业务中。
- 将重点缩小到高利润领域。

- 剥离非核心业务。
- 外包。

系统、操作系统和其他功能分别从其他擅长该领域的公司获取

* 企业价值倍数，是一种被广泛使用的公司估值指标，其倍数相对于行业平均水平或历史水平较高通常说明高估，较低说明低估，不同行业或板块有不同的估值（倍数）水平。企业价值倍数＝企业价值（EV）/企业摊销前的收益（EBITDA），其中 EV 决定了公司总价值，而 EBITDA 则衡量公司的整体财务表现和盈利能力。

资料来源：BBT 大学综合研究所

图 55　均衡发展型企业的问题

转型极致型企业的步骤

传统模式的企业转型为极致型企业,应该怎么做呢?

首先要删繁就简,明确公司的发展方向,重新定义公司的业务范围。

其次是深度思考,是创造一项新的业务并做到行业领先呢,还是从事已有业务确保稳定呢?做出决定以后,就要将自己的业务做到极致,并做好放弃其他业务的准备。

接下来,刚刚转型的企业会出现一大批不需要的剩余人才。此时,需要弄清楚哪些业务可以放弃,并思考如何将保留的业务做到极致(图56)。

还有,企业转型时,即使新的组织架构不太完善,也要建设好网络型组织结构[1],人才和技术可以从其他地方引进。

快速转型为极致型企业并不容易。转型的关键在于,思考企业的某项业务是否可以让企业立于不败之地。如果找不到这种业务,就只能老实地按照传统方式经营,只是逞强喊口号"要成为极致型人才"是不会成功的。

---

1 网络型组织结构,利用现代信息技术手段,适应与发展起来的一种新型组织机构。在网络型组织结构中,组织的大部分职能从组织外"购买",这给管理者提供了高度的灵活性,并使组织集中精力做它们最擅长的事。

战略转型为极致型企业，首先应该重新定义业务领域并彻底强化核心技术

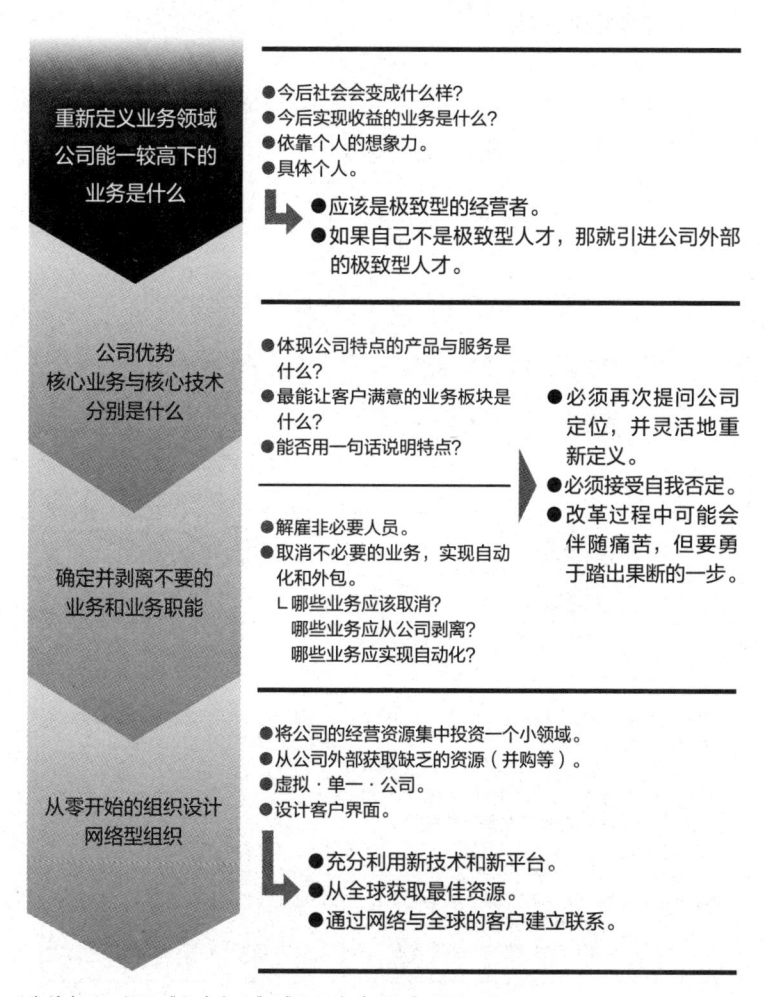

重新定义业务领域 公司能一较高下的业务是什么
- 今后社会会变成什么样？
- 今后实现收益的业务是什么？
- 依靠个人的想象力。
- 具体个人。

↳
- 应该是极致型的经营者。
- 如果自己不是极致型人才，那就引进公司外部的极致型人才。

公司优势 核心业务与核心技术分别是什么
- 体现公司特点的产品与服务是什么？
- 最能让客户满意的业务板块是什么？
- 能否用一句话说明特点？

- 必须再次提问公司定位，并灵活地重新定义。
- 必须接受自我否定。

确定并剥离不要的业务和业务职能
- 解雇非必要人员。
- 取消不必要的业务，实现自动化和外包。
  - 哪些业务应该取消？
  - 哪些业务应从公司剥离？
  - 哪些业务应实现自动化？

- 改革过程中可能会伴随痛苦，但要勇于踏出果断的一步。

从零开始的组织设计 网络型组织
- 将公司的经营资源集中投资一个小领域。
- 从公司外部获取缺乏的资源（并购等）。
- 虚拟·单一·公司。
- 设计客户界面。

↳
- 充分利用新技术和新平台。
- 从全球获取最佳资源。
- 通过网络与全球的客户建立联系。

资料来源：根据《新资本论》《新经济学原理》制作而成

图56 转型成极致型企业的步骤

173

何谓极致型人才

与复合型人才相比，极致型人才有不少缺点。

麦肯锡公司在制定人才招聘标准时，曾提到过极致型人才。图57记录了麦肯锡东京事务所对极致型人才标准的定义。当时，他

成为极致型企业，需要在专业领域内拥有极致优势的极致型人才

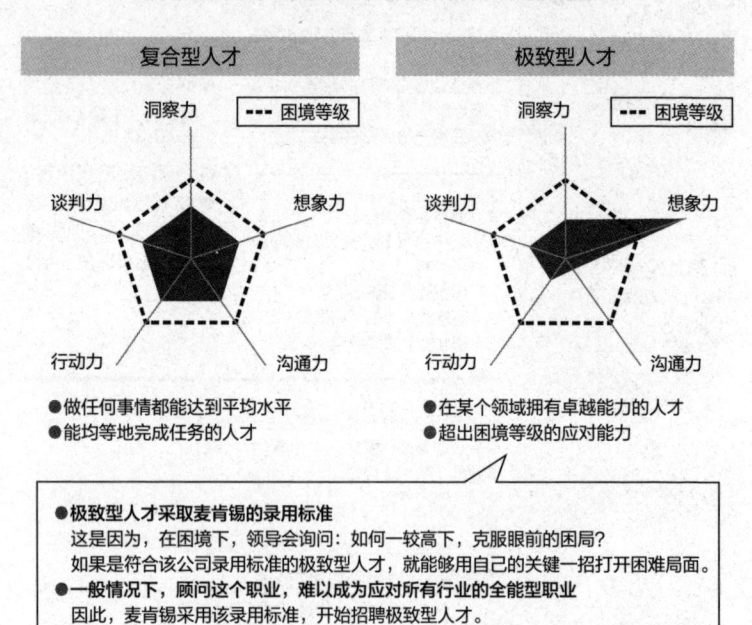

复合型人才

洞察力 ---- 困境等级
谈判力　想象力
行动力　沟通力

- 做任何事情都能达到平均水平
- 能均等地完成任务的人才

极致型人才

洞察力 ---- 困境等级
谈判力　想象力
行动力　沟通力

- 在某个领域拥有卓越能力的人才
- 超出困境等级的应对能力

- **极致型人才采取麦肯锡的录用标准**
  这是因为，在困境下，领导会询问：如何一较高下，克服眼前的困局？如果是符合该公司录用标准的极致型人才，就能够用自己的关键一招打开困难局面。
- **一般情况下，顾问这个职业，难以成为应对所有行业的全能型职业**
  因此，麦肯锡采用该录用标准，开始招聘极致型人才。
  如果是十分擅长专业知识的极致型人才，就可以满足相应专业领域内的客户需求。

资料来源：伊贺泰代著《录用标准》（《採用基準》，钻石社）、BBT 大学综合研究所

图57　极致型人才视图

们是这么招聘的。

找人对应聘者进行面试。其中5人面试应聘者A，并保留所有面试记录。另外5人面试应聘者B，也保留所有面试记录。10年以后，通过分析应聘者的成长数据就知道谁的招聘眼光最准确。通过比较面试时的数据和应聘者之后的成长数据，就知道应该由谁去招聘面试。10年的数据不会骗人。

经营者要成为极致型人才

经营者要具备怎样的条件呢（表7）？

首先，经营者要成为极致型人才。现在，一个人的创新就能改变世界，想要迅速做出决定，整合经营资源，自己必须成为一名极致型人才。

其次，重新定义公司业务。要弄清楚公司的优势所在，必须明确自己的核心技术和可以外包的业务分别是什么。

还有，我多次说过，多使用非此即彼的"OR（或）"，少使用两者皆可的"AND（和）"。

再次，追求"经济深度"，也就是深耕公司希望发展的业务领域。比如，特斯拉的电动汽车领域拥有超过500项专利，其经济深度可见一斑。

最后，如果经营者自己不是极致型人才，可以招聘极致型人才进入公司，或者从公司外部挑选极致型人才合伙。

表7　经营者需要具备的条件

为拥有一家具有极致优势的企业，经营者首先应该是极致型人才

为成为极致型企业，经营者首先要成为极致型人才
- "因人而异"与"因时而异"，将在不确定性高的市场获胜。
- 一个人的创新就能改变世界。经营者要磨炼想象力，大胆想象，拼命行动！
- 能够迅速做出决断、集中管理经营资源的经营者往往是拥有强势领导力的果断之人。

重新定义公司
- 重新定义公司，需要分别定义核心技术与可以外包的业务。
- 在这个过程中，因定义人不同会有所区别，这就是"因人而异"。
- 通过逆向思维，即自我否定重新构思业务（自我革命，敌人就在心中）。
- 不惧改革的痛苦，向前迈出一步。重组无利可图的业务！

用"OR"掌舵护航，而不是"AND"
- 发生分歧时，选择哪一方？需要经营者具备决策能力。
- 决策的源泉在于，相信自己的构思。需要做好心理准备，随时审视、推翻现有构思。

追求"经济深度"
- 收缩公司的核心目标业务，追求无与伦比的深度。
- 在网络经济时代，"窄、深、快"是成功的必要条件。

聘用极致型人才
- 如果自己不是极致型人才，那就要引进极致型人才！
- 聘用"肉食"与"偏食"的极致型人才！

资料来源：BBT大学综合研究所

"企业参谋"与组建团队也是一种方法

如果某些业务自己一个人做不到，也可以和其他人搭档组建团队。

谷歌的创始人拉里·佩奇（Larry Page）和谢尔盖·布林（Sergey Brin）由于当年太过年轻无法独自管理公司，便聘请了经验丰富的埃里克·施密特（Eric Schmidt）担任CEO。这是谷歌成功

的一大原因。

索尼公司由性格差异很大的井深大和盛田昭夫[1]共同经营。二人都是理科生，盛田昭夫毕业于大阪帝国大学理学部，负责全球化和销售关系。

本田技研的本田宗一郎将公司经营权交给藤泽武夫后，一心扑在工作一线。25年后，二人一起离职。决定离职的判断也很重要，如果他俩还留在企业，继任者是很难行动的。

此后，本田的第一位大学毕业生河岛喜好担任了第二代社长。川岛喜八郎与西田通弘进入公司管理层。

西田通弘写过一本很不错的书，名为《从我开始》（《隗より始めよ》）。西田入职本田公司时，公司只有15名员工。他每天早上都会看到小个子的本田宗一郎把装橘子的纸箱翻过来，然后站在上面喊话——"本田要成为世界的本田"。西田觉得这家公司挺了不起。当本田的产品开始销往国外时，公司曾考虑分别成立日本营业部和海外营业部。西田认为，如果本田要成为世界的本田，就不应该将日本市场与海外市场分开考虑，而应以第1营业部、第2营业部和第3营业部的形式平等对待国内和海外市场。西田在书中详细

---

[1] 盛田昭夫（1921—1999），日本著名企业家。索尼公司创始人之一，被誉为"经营之圣"。1945年毕业于大阪帝国大学理学部。1946年与井深大一同创办东京通信工业株式会社并出任常务理事。1958年，东京通信工业株式会社正式更名为索尼。1960年，担任美国索尼公司总经理。1998年，盛田昭夫作为亚洲人，被《时代周刊》评选为20世纪20位最有影响力的商业人士之一。

描写了事情的原委。后来，本田公司在美国也大获成功。

松下电器的掌舵人松下幸之助[1]被称为"经营之神"，但实际上松下电器的成功在于他与高桥荒太郎的合作经营。松下幸之助退休后，他的女婿作为继任者管理公司不善，所以他不得不又回到公司担任销售部长。

后来，松下幸之助破格提拔山下俊彦担任社长，但公司的经营依然困难。这是松下电器发展过程中比较艰辛的一段历史。公司发展顺利时，人们称赞他是"经营之神"，但实际上应该感谢他的搭档高桥荒太郎。

所以，如果各位经营者觉得自己不是极致型人才，就应该找一位互补型的人才组成搭档，对方不在自己公司也没有关系。

希望通过以上方法，摸索出让企业在21世纪立于不败之地的经营方式。

（节选重编自2022年7月向研会的研讨会内容）

以上是"极致型企业"的主题报告。

下面，我会以过去的连载报道为基础，聚焦更具体的主题和观点展开论述。其中部分资料和数据与研讨会的内容有所重复，望各位读者谅解。

---

[1] 松下幸之助（1894—1989），日本著名企业家、发明家。日本著名公司松下电器的创始人，创立了终身雇佣制、年功序列制等管理制度。

补充研讨1
如何评价优衣库董事长柳井正的表态?

"俄罗斯人也有生活的权利"

俄乌冲突陷入僵局后,在俄外企相继表态,将暂停在俄业务或退出俄罗斯市场。

2022年3月初,俄乌冲突爆发后,优衣库董事长柳井正却表态"衣服是生活的必需品""俄罗斯人也有生活的权利""让俄罗斯人讨厌日本人真的好吗"。他在《日本经济新闻》中表示,将继续在俄罗斯的业务。对此,推特等欧美公司纷纷表示反对。优衣库没有办法,只能改变态度暂停50家俄罗斯门店和电商业务。日本舆论哗然,指责柳井正判断情势失误,危机公关应对迟缓。

不过,我认为柳井正所言并无问题。

根据松下久美记者在迅销公司网站主页和雅虎新闻上发布的报道,柳井正曾在2022财年(2021年9月1日~2022年8月31日)第2季度结算发布会上表示:反对一切战争,谴责侵犯人权、威胁和平生活的一切行为。他强调即使国家分裂,企业也不会分裂,相反,消除分裂,促进对立双方相互理解,加深双方友好相处是企业应有的责任。

对于暂停优衣库在俄业务，柳井正表示，是因为优衣库在俄罗斯开展业务存在困难，做出上述决定是基于对商品无法入境、俄乌冲突愈演愈烈等各种问题的综合研判。他强调，这个决定并不"晚"，服装产业是和平产业，是让人们的生活更快乐、更舒适的产业，优衣库的使命在于为人们持续提供舒适的日常服装。

为了人道援助乌克兰公民，迅销集团向联合国难民事务高级专员公署（UNHCR）捐赠1000万美元，并为逃往周边国家的乌克兰难民提供毛巾、内衣、防寒服等共计20万件。

等待还是退出？

无论身处哪个时代、哪个国家，深受战争之苦的始终是无辜民众。俄罗斯人民也是俄乌冲突的牺牲者与被害者，所以柳井正说"俄罗斯人也有生活的权利"，这并不错。

可是，由于我们身处网络时代，只要你为俄罗斯发声或质疑乌克兰的处理方式，就会出现一群"网络喷子"对你口诛笔伐。就像疫情时期的"口罩警察"，遇到不戴口罩的人就将其视为罪犯。正因如此，柳井正的言论才会引起轩然大波。

而且，报纸和电视台也不核实柳井正的发言背景，只是截取网络言论胡乱报道，迅销集团只能被迫更改经营方针。我很同意柳井正在结算会上的表态，优衣库暂停在俄业务的决定是他作为经营者，在明确物流等各种情况的基础上做出的综合研判。

有杂志报道，日本正在参与俄罗斯远东地区库页岛的能源开采项目。其中，经济产业省、伊藤忠商事和丸红参与了石油项目"萨哈林1号"，三井物产和三菱商事参与了天然气项目"萨哈林2号"。由于俄乌冲突，美国石油公司埃克森美孚决定退出"萨哈林1号"项目，而英国壳牌决定退出"萨哈林2号"项目。虽然英美退出了上述项目，但当时的经济产业大臣萩生田光一表示日本不会退出。

根据帝国数据银行（Teikoku Databank）的调查显示，截至2022年4月11日，进入俄罗斯市场的168家日本上市企业中，决定暂停在俄业务或退出俄罗斯市场的企业有60家，占36%。也就是说，超过60%的日本企业仍在俄罗斯开展业务。柳井正在接受《日本经济新闻》采访时，表示会继续在俄罗斯开展业务。报道一出，他就成了众矢之的。

有人认为"日本应该与欧美的经济制裁保持一致""不退出俄罗斯市场就是变相帮助俄罗斯"，但直到我写完这本书的时候，德国、澳大利亚和东欧各国仍在进口俄罗斯的天然气或石油，瑞士雀巢、德国拜耳和麦德龙、美国安进、法国欧尚、意大利的服装公司Galzedonia等欧美企业至今都没有退出俄罗斯市场。它们也没有保持一致。

"年薪增长40%"的冲击

迅销集团的另一则消息也引发热议。该集团宣布，从2023年3月起，将日本国内正式员工的年薪最高提升40%。岸田文雄政府不断要求企业涨薪，幅度要超过通货膨胀率，很多企业只是象征性地将工资提升了3%而已。迅销集团"提升40%年薪"的消息着实给它们带来了巨大的冲击。

可是，日本的薪资与全球性人才的世界薪资水平相比，即使上涨40%还是很低。日本薪资低到如此程度，让人难以理解。

从2013年起，迅销集团引进了全球统一薪酬制度，希望招募培养全球性人才。不过，我在《赚钱力》(《稼ぐ力》，小学馆)中说过，为实现全球化而引进的全球统一薪酬制度并不容易消化。不同的国家，薪酬体系不同，税收也不同，还存在汇率问题。所以，要在不同的国家保障同等的生活水平，调整起来很不容易。全球化企业为了调整薪酬水平，会提供"生活成本调整[1]"（Cost of Living Adjustment）。日本的薪资水平过低，理应大幅上调。

柳井正的经营判断，与不理解什么是无国界经济就随意推出经济政策的岸田政府形成了鲜明的对比。

---

[1] 生活成本调整，对社会保障与补充保障收入的增加，以抵消通货膨胀带来的影响，维持生活水平。

补充研讨2
日本电报电话公司（NTT）的新型"远程办公"将改变日本

在家里上班，去公司等于出差

NTT于2022年7月引进了新的工作制度——远程办公，在社交媒体上引发了热议。

因为大家都在想象，NTT允许远程办公，意味着33.385万名员工（截至2022年3月31日）未来可以在任何地点上班，再也不用转岗或"单身赴任"了。

在家里上班，就没必要住在公司附近，去公司等于出差，公司会报销交通费和住宿费。据报道，这么做是为了留住容易流向"GAFAM"等国外头部IT企业的年轻人才。

虽然报道后的半年多里，没有出现什么后续报道，但我认为，这是一条足以令人振奋的消息。对于日本的地方政府来说，这条消息绝对是一个引进优秀人才的良机。

NTT引进远程办公时，已经预计过有半数的员工，即17万人会参与进来。如果17万人分散居住在日本的1718个市町村[1]，那么每

1　市町村，日本的行政区划单位。日本的行政区划一般分为广域地方公共团体（都、道、府、县）和基础地方公共团体（市、町、村、特别区）两级。

个市町村平均会增加100名居民。现在，很多地方政府都苦于人才紧缺，如果NTT公司中精通IT和数字技术的员工可以移居地方，一定会产生巨大的社会影响。

如果我是地方官员，会用各种优惠待遇和制度措施鼓励NTT的员工移居过来。比如住房补贴、协商配偶就业、子女就学等。

移居过来的NTT员工可以在下班后或者周末，与当地人探讨如何实现地方振兴和地方的数字化转型，以此为当地社会做出贡献。

NTT的新制度与保圣那集团（PASONA）不同。保圣那是一家大型劳务派遣公司，该公司为了获得补贴和税收优惠待遇，将总部从东京迁往兵库县的淡路岛，从而招致批评。

对于NTT的优秀年轻人才而言，移居地方并协助当地政府开展工作，这不仅是他们个人的一种生活方式，也会成为地方振兴的强大引擎。

不过很遗憾，目前为止我还没有看到地方政府向NTT发出邀请，吸引人才加入的报道。如果我是地方官员，一定会制定优惠政策，吸引NTT人才的加入。

利于加强员工的"想象力"

远离公司的常规业务，与当地人或其他公司员工一起思考地方振兴的课题，十分有利于锻炼想象力。在第四次浪潮的人工智能及智能手机社会，想象力是改变世界最重要的能力。

麦肯锡公司设置了公益服务活动（Pro bono）[1]制度。为解决两极分化与贫困等全球性问题，公司员工需要无偿参与社会贡献活动。如果成为公司合伙人，就要拿出15%的工作时间用于参加社会贡献或志愿服务。

在麦肯锡，如果想要升任总部董事，就必须要有5年以上的国外工作经验。我觉得，NTT也应该引进该项制度。

改变自我有三种方法，一是改变时间分配，二是改变交往对象，三是改变居住地点。

其中，最直接的方法是改变居住地点。居住地点改变了，时间分配和交往对象也会随之改变。让自己置身于不同的环境，看不同的风景，对提升想象力十分重要。

如果NTT没有用行政命令强制员工调离，而员工自愿移居地方并有自己的想法时，NTT将有望进化成一家灵活且强大的"地方分权型"网络企业。

NTT的新闻让我想起30年前，美国通用电气和IBM等大公司的退休员工回归故里后，成为当地领袖并干出了一番事业。

当时，通用电气的董事长杰克·韦尔奇（Jack Welch）进行了大规模的裁员，但他说："员工被裁了也不会不高兴，因为他们

---

[1] 公益服务活动（Pro bono），有别于传统意义上的志愿服务，通常指的是为无力负担巨额专业服务（尤其是法律辩护、志愿法律服务）的人提供无偿服务。

拥有奢侈的401K[1]，还有家乡的欢迎，这样快乐地度过第二人生不好吗？"

如果NTT的年轻人和正当年的中坚力量前往地方发展，每周抽半天时间去当地的大学、职校讲授信息技术和数字化转型，其影响会非常大。如果他们的伴侣和孩子也移居过去，将有利于地方的人口增加和年轻化。

当前，日本政府对第四次浪潮和奇点的危机意识还不够。2015年起，日本政府设置了地方创生担当大臣。第一任的石破茂上任7年以来，毫无建树。日本的地方不断衰退。

现在，冈田直树出任地方创生担当大臣，以及内阁府特命担当大臣，负责冲绳及北方政策、规制改革、酷日本战略、阿伊努族政策；同时还出任内阁官房担当大臣，负责数字田园都市国家构想、国际博览会、行政改革，他一个人兼理了8项职责。

而上一任的地方创生大臣野田圣子仅仅10个月就离任了。

政府所谓的"地方振兴"实际上只是一个空洞的口号。所以，NTT的这次尝试将具有划时代的意义。如果其他公司受到NTT的启发，采用类似的工作制度，日本的地方将焕然一新。"数字生活让居住随心所欲"，我希望NTT的新制度成为一针催化剂，唤醒日本的地方政府，并从根本上改变日本的现状。

---

[1] 401K，该计划始于20世纪80年代初，是一种由雇员、雇主共同缴费建立起来的完全基金式的养老保险制度。

后 记

培养孩子的"手机想象力"

避免陷入"考证""终身学习"的跟风热潮

日本首相岸田文雄在2022年秋季的临时国会上发表了"所信表明演说[1]"。他表示,政府为支持个人的终身学习(为自我成长而进行的再学习),将在5年内投入1万亿日元。政府曾在同年6月的内阁会议通过了《经济财政管理和改革基本方针(基本方针2022)》。该方针表明,政府将在3年内斥资4000亿日元用于"人的投资"。

于是,各种经济杂志纷纷开辟专栏,无论官方还是民间,都掀起了讨论终身学习、再教育和资格考试的热潮。可是,讨论的内容实在荒谬。

因为他们都在劝人考证——职业资格证,比如公认会计师、税务师、司法书士、行政书士、社会保险劳务士、宅地建物取引士、

---

1 所信表明演说,日本首相发表个人施政理念的公开演讲。首相一般在临时国会开头发表所信演说。

不动产鉴定士[1]、中小企业诊断士、建筑师等。参加国家资格考试，只要记住各领域的专业知识，考试合格就能取得证书。

不过，计算机和人工智能更擅长记忆知识，这样的话，所有职业资格迟早会被机器取代。

世界不断发展，而日本还在高呼"终身学习去考证"，这样的做法严重落后于时代。

应该学习什么技能？

为什么会出现这种现象呢？因为日本政府不理解什么是第四次浪潮。世界已经进入由人工智能及智能手机革命引发的第四次浪潮，而日本甚至还没跨过第三次浪潮。

前段时间，我去了一趟澳大利亚。申请签证只要用手机办理就行，用不着电脑。信息技术发达的国家，比如以色列、新加坡，行政手续基本上用手机就能办理。

但在日本，只有入境手续容易办理（使用手机程序Visit Japan Web[2]），其他的手机程序只是让人发笑。COCOA和MySOS便是典型代表。COCOA是一款新冠肺炎密接查询的手机程序，而MySOS是一款填报入境者健康状况及住址信息的手机程序。两者半斤对八

---

1 不动产鉴定士，日本基于相关法律设定的国家职业资格，主要对影响不动产客观价值的各种要素进行调查分析，或对不动产的使用、交易及投资提供咨询。

2 Visit Japan Web，日本政府提供的入境信息确认在线服务，可以通过平台完成检疫、入境检查、海关申报等出入境手续。

两，都难以使用。

第四次浪潮的一大特点是，给记忆知识的人颁发证书失去意义，比如本书第1章提到的爱沙尼亚的会计师和税务师。如果政府不理解最新的趋势，日本就无法进入第四次浪潮。

个人应该学习什么技能呢？对，是机器人流程自动化。例如，通过机器人实现销售支持、订单管理、库存管理、账单管理等间接业务的自动化。如果成为这方面的专家，就会被日本企业争抢，因为日企目前最重要的任务就是提高劳动生产率，也就是间接业务标准化（裁员）。

还有就是利用人工智能和智能手机创建新业务的想象力。这需要高超的数字技能，如果掌握这项能力，就能在第四次浪潮里游刃有余。

什么工作是人工智能做不了的呢？对，是只有人才能做的工作，比如看护、保育、咨询等。这些工作是未来需要的少数几种由人做的工作。于是，猎头寻找合适的人匹配这些工作的能力也变得很重要。

岸田文雄没有这种意识，他试图用大量税收支持工业社会的考证，但这些证书背后的岗位终将被人工智能和计算机取代。

政府没有弄清社会生产停滞、经济活力消失的原因，就让自己的国民去考证。他们制定的陈年法律，让证书背后的职业岗位得以苟延残喘，但迟早都会消失。他们的举措就是一种暴行，有这样的政府，国民的薪资怎么提高？

摆脱文部省的束缚，实施新的教育

政府出台的政策总是抓不住要点，日本还能赶上第四次浪潮吗？我认为，解决问题的关键在于人才培养。我们要培养出熟练使用人工智能和智能手机，能够创造新技术、新服务、新产业的人才，这样日本才有可能赶上第四次浪潮。

如果按照文部省的教学大纲实施教育，就会失去机会。我在《周刊邮报》的连载中提过，能在全球活跃的优秀日本人才，特别是艺术家、运动员、漫画家、动画师、游戏创作者和厨师，基本都不是文部省培养的。

这里的关键词是"观察"和"倾听"。体育需要用自己的眼睛"观察"世界顶级选手的技术，动漫和游戏需要用自己的眼睛"观察"内容的趣味性。音乐需要用自己的耳朵"倾听"全球优秀音乐家的演奏。

日本人在可以"观察"和"倾听"的领域，也就是摆脱文部省束缚的领域，能够发挥出世界级的水平。因此，在人工智能与智能手机领域施展"观察"和"倾听"，并摆脱文部省的束缚，这样才能出现第四次浪潮需要的人才。

最近，日本出现了孩子沉迷手机的问题。有人认为应该没收孩子的手机，但我很反对。我倒觉得应该让孩子多用手机。当然，我们不能从早到晚都盯着手机屏幕，这样有害身体健康，要特别注意。此外，要避免让孩子接触不良信息，控制他们使用手机的时间,以防他们沉迷于网聊或网上冲浪。

手机对于现在的孩子来说,就像身体的一部分,所以他们的生活中不可能没有手机。父母需要转变思路,用手机培养孩子的创造力或创作力,而不是没收手机。父母不应该责骂孩子,让他们不看手机去写作业,而应该鼓励孩子用手机挑战新鲜事物,把挑战当成作业。

手机开启全新人生

这个时代是连孩子都可以制作软件的时代,特别是游戏软件。索尼公司曾经举办过PlayStation和PSP的游戏软件开发者大赛,如"PlayStation C.A.M.P!"。大赛吸引了很多人,包括10岁~15岁的孩子。许多优秀的游戏开发工程师和人气游戏就出自这里。

第四次浪潮的前提是,智能手机取代第三次浪潮的PlayStation和电脑。现在,手机游戏已经多如牛毛,商务领域也不断涌现销售、采购、招聘等各种手机程序。未来,父母会理解"手机可以赚钱""手机可以无所不能"的道理,他们不会再禁止孩子玩手机游戏、使用社交媒体。面对人工智能与智能手机引发的第四次浪潮,越早武装自己越好。

利用智能手机,不仅可以创造新的商业,开拓新的人脉,还可以拥有新的人生。

例如,可以实现虚拟的海外旅行。我年轻的时候,因为工作和旅行走遍了世界各地,欧洲没去过的国家只剩下马耳他。2020年,我做过一个详细的马耳他旅游计划。不过，由于新冠疫情暴发，我的行程不得不取消。于是，我便用手机体验了一下马耳他的美景、美食和酒店，想等新冠疫情过后，再自由行去实地看看。

还可以用手机写小说、随笔，制作动漫，创作歌曲。应对第四次浪潮的实战练习应该从童年开始。如果你或者你的家庭意识到这件事的重要性，并做好准备的话，就能适应第四次浪潮。未来是人工智能及智能手机的社会，作为父母应该认识到这一点，引导孩子应对第四次浪潮，千万不要阻碍他们的发展，断送他们的前程。

本书的开篇介绍了头部 **IT** 企业的裁员潮，有一部分企业可能已经跨过第四次浪潮（网络社会）的峰值。如果属实，那么奇点到来的时间可能会早于预测，我们要为加速的变化做好准备。

听了岸田文雄的讲话后，我发现岸田政府并不理解这次革命的实质，也感受不到他们对现实的危机感。部分研究全球经济和企业经营的学者，直到今天还抱有不切实际的幻想，他们认为日本人足够优秀，只要有机会，日本就能重返辉煌。很遗憾，他们没有意识到，日本人的优点只是第二次浪潮（工业社会）的勤勉，他们在第三次浪潮（信息社会）的后半阶段进退维谷，无法培养出跨越第四次浪潮的人才。这才是问题所在。

本书希望为日本社会面临的本质问题敲响警钟，为日本人指明前进方向。也希望读者可以从本书中获益。

译后记
AFTERWORD

　　法国哲学家帕斯卡说过："人是一根会思考的芦苇……人因思想而高贵，高贵到知道自己的渺小和高贵。"书籍是思想的载体，在一本书中，我们可以看见作者的所思所想、所见所闻，作者的态度或明或暗地潜藏在字里行间，只需用心阅读，便能一探究竟。而翻译则是一种较为特殊的思想传递方式，在读者与外文作者无法直接"见面"时，就需要通过译者这个中间人进行交流与沟通。作为译者，在将原作的观点和概念转化为中文的过程中，会不断思考如何保留原作的文化色彩，同时又使其适应中文语境，让读者能够在阅读中既感受到异国的风情，又体会到思想的共鸣。

　　翻译也是一次非常奇妙的体验，是追随思想者的一场探险。探险家会因为得到一张新地图激动不已，对于译者，文本就是他们的探险地图。不同类型的文本拥有不同的魅力，阅读它们会遇到不同的阻碍，也会获得不同的体验与收获。翻译《第四次浪潮》，不仅是一次深入大前研一思想世界的探险，更是一次对知识边界的拓展。在翻译的过程中，我们仿佛穿越时空，与作者并肩站在时代前沿，观察和思考技术革命、新经济模式的演变以及它们对社会的深远影响。

《第四次浪潮》涉及的主题广泛，包括经济、技术、社会等多个层面，书中的许多观点让人记忆深刻。书中说，随着人工智能的发展，未来许多职业都将被其取代，如教师、律师、配送员、会计等。技术不断向前发展，改变是必然的，否则就会落后于时代。不过，也没有必要过度忧虑。面对人工智能的崛起，我们应保持乐观的态度。技术的进步虽然可能淘汰一些传统职业，但同时也将孕育出新的职业，关键在于我们如何适应变化，培养新技能，把握新时代的脉搏。未来社会需要的是想象力、创新思维和灵活适应变化的精神，让我们拥抱变化，积极准备，共同开创全新的未来。

书中还说，改变自我有三种方法。一是改变时间分配，二是改变交往对象，三是改变居住地点。其中，最直接的方法是改变居住地点。居住地点改变，时间分配和交往对象也会随之改变。上述方法深刻揭示了环境对个人成长和思维模式的重要影响。改变居住地点作为一种直接且强有力的手段，能够迅速打破旧有的生活模式和思维定势。当一个人迁移到全新的环境时，他的日常安排、社交圈，以及生活方式都会发生改变，这种变化往往能激发个人对新事物的好奇心和探索欲，促使其以全新的视角看待问题和生活。此外，新的居住地点往往伴随着不同的文化背景和社会网络，这为个人提供了重新定义自我、拓展视野的机会。人们在新环境中的适应过程，不仅是对外部世界的重新认识，也是对内心世界的深刻反思。通过这种由外而内的转变，个人能够更好地理解自己的潜力和局限，从而实现自我更新和成长。因此，改变居住地点不仅是物理空间上的迁移，更是心灵和思想上的重生。

通过本书的翻译，我们译者团队深刻体会到作为译者的责任感和使命感。大前研一是日本著名的管理学家，他以独到的视角和深刻的洞察力，为我们描绘了一个充满变革与机遇的新时代图景。作为连接作者与读者的桥梁，我们努力保持原文的精准性和思想的完整性，同时也尽力使译文流畅自然，以期读者能够无障碍地领略作者的深邃见解。

最后，我要感谢所有在翻译过程中给予译者团队帮助和支持的人。感谢大前研一先生为我们提供了这样一部具有前瞻性的作品；也感谢我的大学好友，中南财经政法大学的陈思翀教授，他不仅欣然为本书作序，更以其深厚的学术造诣和独到见解为本书增色良多；同时，还要感谢程斌先生的辛勤工作，使得这部作品能够以高质量的形式呈现给读者。

《第四次浪潮》的翻译是一段充满挑战与发现的旅程。我相信，通过阅读这本书，读者不仅能够获得知识和信息，更能够获得启发和思考。让我们一起迎接这个充满机遇和挑战的新时代吧！

2024年6月
于广州白云山麓

内容说明

本书除作者在向研会的演讲内容外,还节选了连载于《周刊邮报》的《商业新大陆的前进方法》(2022年3月—11月刊登的文章),并对上述内容进行了加工和修改。

日版编辑协力:中村嘉孝

图表来源:BBT大学综合研究所

图书在版编目（CIP）数据

第四次浪潮 /（日）大前研一著；程亮，张群译. 杭州：浙江教育出版社，2025.2.（2025.3重印）-- ISBN 978-7-5722-8882-1

Ⅰ.F0-39

中国国家版本馆 CIP 数据核字第 20241ER268 号

DAI YON NO NAMI by Kenichi OHMAE
© 2025 Kenichi OHMAE
All rights reserved.
Original Japanese edition published by SHOGAKUKAN.
Chinese (in simplified characters) translation rights in China (excluding Hong Kong, Macao and Taiwan) arranged with SHOGAKUKAN through Shanghai Viz Communication Inc.

版权合同登记号：11-2024-237

| 责任编辑 | 陈德元 | 美术编辑 | 曾国兴 |
| 责任校对 | 董安涛 | 责任印务 | 曹雨辰 |

第四次浪潮

DISICI LANGCHAO

[日] 大前研一 / 著　程亮　张群 / 译

出版发行	浙江教育出版社
	（杭州市环城北路 177 号　电话：0571-88909729）
印　　刷	杭州钱江彩色印务有限公司
开　　本	880mm × 1230mm　1/32
成品尺寸	145mm × 210mm
印　　张	6.875
字　　数	137500
版　　次	2025 年 2 月第 1 版
印　　次	2025 年 3 月第 2 次印刷
标准书号	ISBN 978-7-5722-8882-1
定　　价	58.00 元

如发现印装质量问题，影响阅读，请与承印厂联系调换。
电话：0571-86603835